KB261658

고분자나노재료

니시 도시오 저 / 과학나눔연구회 정해상 편역

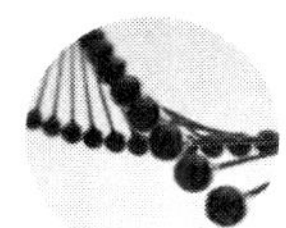

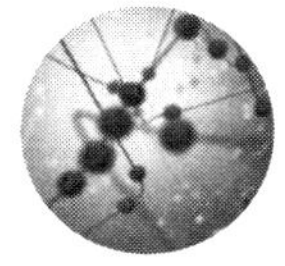

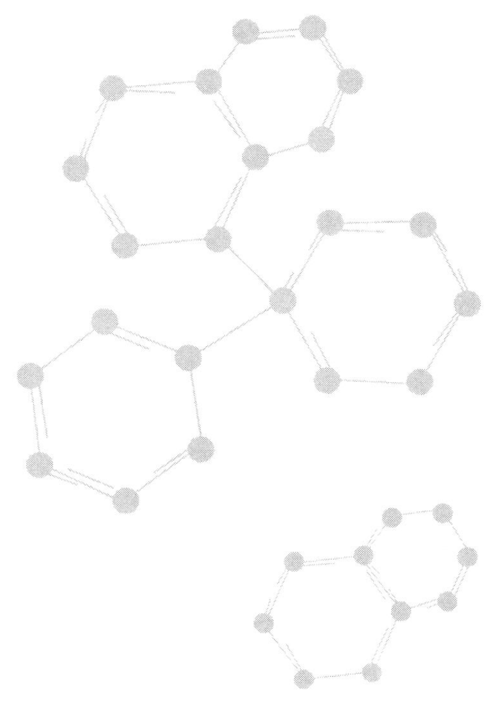

일진사

머리말

라이프 사이언스, 정보통신, 환경, 나노테크놀러지, 재료 등을 금후의 과학기술 분야의 중점 전략으로 책정함으로써 나노테크놀러지도 기존의 거대 분야와 동격으로 다루는 나라들이 많다. 특히 재료 나노테크놀러지와 나노 일렉트로닉스, 바이오 나노테크놀러지는 개발에 열정을 쏟고 있는 연구원들 뿐만 아니라 산업 사회 전반의 큰 관심사가 되고 있다.

나노의 진원은 2000년 1월 당시의 미국 클린턴 대통령이 캘리포니아 공과대학에서 행한 National Nano-technology Initiative (NNI)에서 비롯되었다. NNI에서는 연구 목표 달성에는 사안에 따라 20년 이상 소요될지 모르지만 그러하기 때문에 연방정부의 역할이 필요하다고 강조했다.

이 책에서는 앞으로 큰 전개가 예상되는 고분자 나노테크놀러지 중에서 구체성이 높은 고분자 나노재료를 다루었다. 이 분야도 완성된 것은 아니고, 현재도 괄목할만한 성장을 이어가고 있다. 따라서 여기서는 이와 같은 사정을 고려하여 우선 최초에 고분자 나노재료란 무엇인가를 해설했다. 그리고 제2장에 고분자 나노재료의 구조와 물성, 제3장에 고분자 나노재료를 만드는 법, 제4장에 고분자 나노 파이버·나노 박막, 제5장에 고분자 나노재료의 캐릭터리제이션 (characterization)에 대하여 기초에서부터 최근의 상황까지를 기술하였다.

특히 기초/응용면에서 흥미를 자아내는 폴리머 나노 알로이, 폴리머 나노콤퍼짓에 역점을 두었다.

고분자 나노재료는 발전이 매우 빠른 분야이다. 본서는 입문, 기본도서에 지나지 않으므로 더 관심이 있는 독자들은 전문도서, 최근의 문헌, 특허 등을 활용하기 바란다.

역자

차 | 례

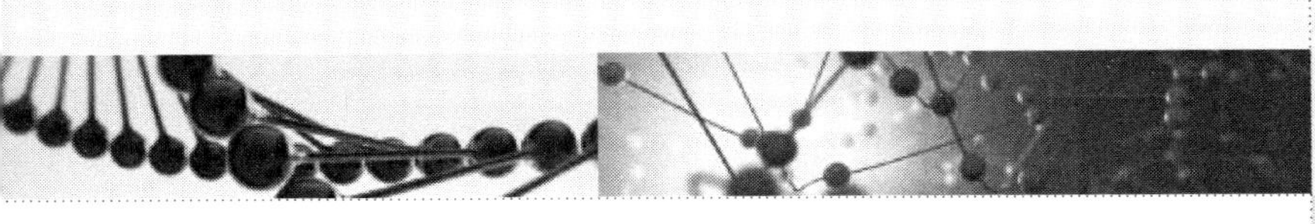

제 1 장

고분자 나노재료의 개념

1·1 고분자와 나노테크놀러지

최근 몇 년 사이에 나노라는 말은 국민들에게까지 낯설지 않은 용어가 된 듯하다. 신문, 잡지, 단행본 그리고 세미나 같은 곳에서도 곧잘 주제로 다루어지기도 한다.

나노의 발단은 2000년 1월 21일, 당시 미국의 클린턴 대통령이 캘리포니아 공과대학에서 행한 나노테크놀러지에 관한 과학기술정책 연설에서 비롯되었다. 연설의 요점은,

① 물질을 원자, 분자 차원에서 조작할 수 있는 나노테크놀러지에 관한 국가 선도형 연구(national nano-technology initiative : NNI)를 제한했다. 당초 예산은 약 6000억 원으로 한다.

② 연구 목표 달성에는 사안에 따라 20년 이상이 소요될지도 모른다. 그러나 그럼으로써 연방 정부의 중요한 역할이 있다.

이 연설을 계기로 세계 여러 선진국들도 금후의 과학기술 분야 중점 전략으로 라이프 사이언스, 정보 통신, 환경, 나노테크놀러지, 재료의 4개 분야를 선정하고 나노테크놀러지도 기존의 거대 분야와 동격으로 다루게 되었다. 우리나라도 2002년 12월 20일에 나노기술 개발촉진법이 공포되고, 2003년 6월 25일에 동 시행령이 공포되어 나노 구조 과학, 나노재료, 나노 바이오사이언스, 마이크로 나노 디바이스 등이 선정되었다.

또 일본의 경제산업성은 2001년도부터 재료 나노테크놀러지 프로그램으로 금속, 유리, 고분자 등에 대하여 국가 프로젝트를 입안하였다. 고분자 관계는 '정밀 고분자기술 프로젝트'로 알려지고 있는데, 영문으로는 'project on nanostructured polymeric materials'이므로 이 책에서 다루려고 하는 '고분자 나노재료'와도 매우 유사하다.

민간 기업은 이 책을 읽으면 알 수 있겠지만, 사실은 훨씬 이전부터 실시하여 왔다. 그것이 나노테크놀러지라고는 별로 의식하지 않았

을 뿐이다. 최근에 와서야 나노테크놀러지라는 관점에서 어프로치하여 속속 성과를 거두기 시작하였다. 이와 같은 현상은 본가인 미국에서 뿐만 아니라 영국, 독일, 프랑스, 일본, EU, 중국, 한국, 대만, 싱가포르에서도 관심의 표적이 되고 있다.

여기서 나노테크놀러지라고 하면 그것은 바로 나노 일렉트로닉스가 주류인 것처럼 생각하는 경향이 있지만, 사실은 나노 일렉트로닉스는 나노테크놀러지의 일부에 불과하며 본래는 나노 입자분산계, 나노 코팅, 거대 표면적 구조체, 나노 디바이스, 나노 센서, 나노 구조물의 구축체도 매우 중요하다.

이들의 응용면은 바이오 · 의료 · 건강 · 에너지 · 재료 등이 있으며, 기반 기술로서는 나노테크놀러지의 과학 · 시뮬레이션 평가 해석기술 · 가공기술 · 프로브법의 기술 그리고 나노 구조체의 합성 · 조립 · 자기 조직화 등을 들 수 있다.

실제로 최근 나노테크놀러지 붐의 원조 중 한 사람으로 1982년에 주사형 터널 현미경 (STM)을 발표하였고, 1986년에 G. Binnig 박사와 공동으로 노벨 물리학상을 수상한 H. Rohrer 박사 (그림 1-1을 참조)는 2000년 3월 일본 도쿄대학에서 '나노 일렉트로닉스를 넘어선 나노테크놀러지'에 대하여 강연하였다. 요지는 나노테크놀러지에 의해서 개척되고 있는 나노 일렉트로닉스를 넘어선 새로운 세계에 관해서였고, 구체적으로는 나노 메카닉스, 나노 캐미스트리, 초고감도 센서, 포켓 사이즈의 테라비트 기억 시스템 등이었다. 상징적인 말은 'Nature is nano-technology beyond nanoelectronics : it employs local and distributed mechanical, chemical and electrical processing on the nm scale for building up macroproducts and macro-processes'였다. 나노뿐만 아니라 마이크로까지 결합되어 있지 않으면 안 된다는 것이었다.

그림 1-1 H. Rohrer 박사

그런데 나노와 고분자를 접합하면 이야기가 끝나느냐 하면 본서의 입장은 그러하지 않다. 우선 나노테크놀러지와 나노 사이언스는 별개의 것이라 생각한다. 나노 사이언스에서는 단일 전자, 단일 원자, 단일 분자에 관한 과학기술 등 매력적인 테마가 많고 네이처나 사이언스에 뛰어난 논문이 많이 실린다. 그러나 그것이 나노테크놀러지로서의 신뢰성이나 재현성, 설계·제어 가능성이 높은 것이라고는 생각되지 않는다. 더구나 극저온, 초고진공, 초강자기장, 초고압 등과의 관련에서는 거리가 멀다.

사실 2002년에는 세계에서 초일류급 연구소로 평가받고 있는 미국 벨연구소의 어떤 연구 그룹으로부터 네이처와 사이언스지에 게재되어 노벨상급 성과라 평가되었던 유기물 나노 일렉트로닉스에 관한 16편의 논문 데이터가 제3자 기관에 의해서 날조로 판명된 사건이 있었다. 고분자에 관해서도 세심한 주의가 필요한 것 같다.

다음은 고분자 나노물질과 고분자 나노재료의 차이이다. 물질과 재료의 차이는 크다. 그것이 의미하는 바가 다르지만 현실적으로 별로 구별되지 않고 있다. 재료라는 신분은 '사용됨으로써만 재료'인 것이지 단지 새로운 물질을 합성하였다고 해서 그것이 곧 재료가 되는 것은 아니다. 당연지사이지만 많은 문헌 등에는 그 구별이 되고 있지 않고 있다. 다시 말해 고분자 나노 물질에 관한 문헌이 매우 많고, 또 계속 발표가 이어지고 있지만 그것이 고분자 나노재료가 되었다는 예는 그다지 많지 않다.

이에 관한 원인 중 하나는 나노에 지나치게 관심을 집중한 나머지 그것이 우리들이 생활하는 마이크로한 세계로 어떻게 이어질 것인가를 망각하는 경향이 강하기 때문이다. 사실은 '나노에서 메가까지' 연결되지 않으면 의미가 없다.

한편 최근 계산기과학의 비약적인 발전으로 대규모의 시뮬레이션이 가능하게 되었다. 예를 들면 1998~2002년도에 일본의 경제산업성 (NEDO)에 의해 산학연대 성과로 개발된 OCTA (open computational

tool for advanced meterial technology)에 의하면 원자, 분자 오더에
서 마이크로 오더까지의 시뮬레이션이 상당한 정도로 가능하다. 상세
는 http://octa.jp를 참조하기 바라며 앞으로 고분자 나노재료의 설
계 및 이용에 크게 기여할 것으로 생각된다. 근본적인 생각은 고분자
와 같은 복잡한 계를 그림 1-2와 같이 원자 모델, 원자가 여러 개 집
합한 유나이티드 아톰 모델, 그것이 다수개 모인 것을 모델화한 비즈
스프링 모델, 또 그것을 모은 격자 모델 하듯이 조시화(祖視化)해 나
가는 것이다.[2] 각 단계에서 시뮬레이션도 가능하다. 고분자 나노재료
에의 적용은 이제 막 시작한 데 불과하지만 실험과 시뮬레이션이 상호
작용함으로서 이제까지 없는 고분자 나노재료가 탄생할 것으로 믿는다.

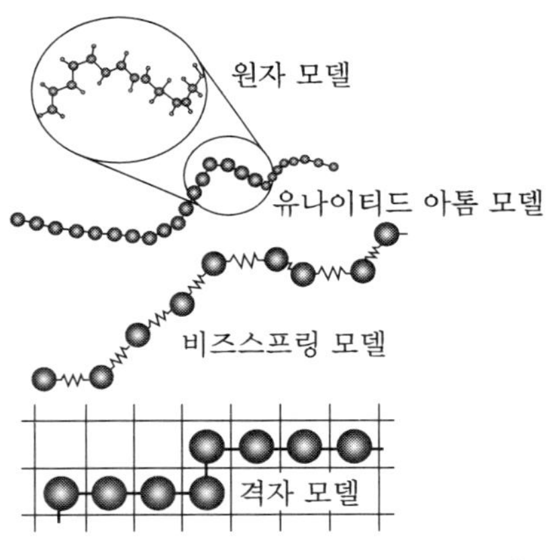

그림 1-2 **고분자의 조시화 모델**[2]

　　고분자 나노재료는 이제까지의 설명으로도 알 수 있듯이 발전도상
에 있다. 이 책에서는 구체적인 예로 폴리머 나노 알로이, 폴리머 나
노 콤퍼짓 등이 중심이 되겠지만, 본서는 입문서의 영역을 벗어날 수
없을 것이므로 이것을 바탕으로 독자들 스스로가 새로운 페이지를 추
가하여 나가기를 바란다. 또 이 책을 바탕 삼아 여러 관련 서적들을
참고한다면 최근의 전개를 이해하는 데 큰 도움이 될 것으로 믿는다.

1·2 고분자 나노재료

고분자의 구조나 물성을 대상으로 하는 경우 나노미터 오더 스케일의 구조가 매우 중요하다는 사실은 오래전부터 알려져 있었다. 예를 들면 고분자 사슬 통계에서 기본이 되는 양 말단간 거리 R의 두 제곱평균은 모노머 단위의 길이를 b, 중합도를 n으로 하면,

$$R \cong \sqrt{nb} \tag{1.1}$$

로 쓸 수 있다. 여기서 b는 유연 사슬로 1 nm 약, n은 1~10만이 극히 보통이므로 R은 수십~수백 nm이다. 좀 더 직관적인 분자 사슬의 확산(spread) 평균값은 이의 몇 분의 1이다.

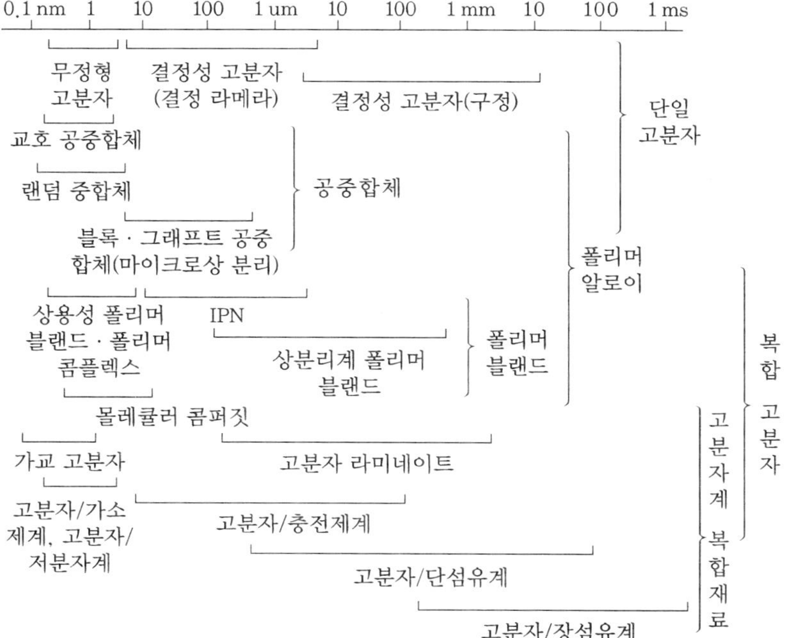

그림 1-3 **고분자계 복합재료와 관련되는 크기**[3]

  또 고분자 재료라고 보면, 1 nm에서 수백 nm 정도의 크기가 문제가 되는 구조는 그림 1-3[3]에 보인 바와 같이 무정형 고분자인 아몰퍼스 구조, 결정성 고분자의 결정 라메라의 두께, 블록이나 그래프트 공중합체의 마이크로 상분리 구조, 폴리머 블랜드의 상용 상태, 폴리머 알로이의 이종상 간의 계면 두께, 몰레큘러 콤퍼짓, 가교 고분자의 다리걸침점, 고분자/충전제계의 계면, 나노 콤퍼짓, 고분자 재료의 표면·계면 등 예거하면 끝이 없다. 또 고분자의 경우 구조뿐만 아니라 그와 같은 구조에서 일어나고 있는 분자운동까지 생각하지 않으면 안 된다.

  위의 구조와 분자운동을 제어하여 고분자 나노재료라고 할 수 있는 것이 만들어진다. 문제는 어떠한 목적을 위해서 제어하느냐이다. 이것은 어려운 과제인데 구체적으로 예를 들면 표 1-1[6]처럼 된다. 이것은 일본의 화학기술 전략추진기구가 산·학·관 연대로 종합한 고분자재료 전략에서 사회적 요구에 부응하는 기술과제를 정리한 것이다. 여기에서는 장래·미래의 사회 니드를 '고령화, 고도 정보화, 환경과 조화를 이룬 경제·사회 시스템과 에너지 자원과 식료의 안정 공급 확보'로 잡고 그것을 '재료 제공 대상 산업 분야'로 분류하였다.

표 1-1   고분자 재료 전략 : 사회 니드에 부응하는 기술 과제[6]

장래·미래의 사회 니드	재료 제공 대상 산업분야	필요 고분자 재료	고분자 재료 제조 공정별 기술과제
고령화 사회	건강·의료	구조재 : 자원 순환형, 쉬운 리사이클, 학 학종 한정, 경량· 고강도·고탄성 단열, 방음	중합 기술
고도정보화 사회	정보·전자· 자동차·주택· 환경	표면 기능 부여 구조재 : 도장, 접착, 마모, 윤활, 친수, 척수, 조습	고차 구조 제어 기술

환경과 조화된 경제 · 사회 시스템	유통 · 운수 · 용기 · 포장 · 식품 · 생활 관련 · 섬유 · 화학	초범용 수지 · 열가소성 엘라스토머 성연비 · 내마모 타이어 · 논할로겐 난연전선비복수지, 광 파이버 텐션 용재 우주 · 항공 · 풍력발전용 재료	성형 가공기술 구조 해석 물성 · 기능 평가 구조/물성 상관
에너지 자원과 식료의 안정 공급 확보	에너지 · 자원 · 식료	기능재 광 · 전자기능재 : 　배선 · 기판, 표시, 　반도체, 기록, 　광컴퓨터용 재료 분리 재료 : 　흡착 · 투과 · 분리 　막 · 연료전지용 막 생체 · 의료재료 : 　DDS, 인텔리전트 　친수 겔, 인공 　근육, 인공 장기 센서 재료	외부 프로젝트 기능 · 용도 개발 고분자 재료 설계

표 1-1에는 필요한 고분자 재료의 물성, 기능을 정리한 것이지만 그것을 어떠한 고분자로 실현하는가는 기록되어 있지 않다. 그러나 경량, 고강도, 고탄성, 표현 기능부여, 열가소성, 엘라스토머, 성연비 · 내마모 타이어, 분리재료, 생체 · 의료용 재료, 센서재료 등은 균질한 고분자재료로 실현 가능할 것이라고는 생각되지 않고, 고분자 나노재료로서만 비로소 현실화될 가능성이 매우 높다. 실제로 표 1-1의 고분자재료 제조공정별 기술과제를 보면 종합기술과 마찬가지로 고차 구조 제어기술, 성형 가공기술, 구조 해석이 중요시되고 있다. 본서의 다음 장 이하에서는 고분자 나노재료에 관하여 이러한 점을 상세하게 기술하겠다.

1·3 나노 소재

근년 고분자 나노재료로 매우 중요한 나노미터 오더의 재료와 물질들이 속속 출현하고 있다. 그것들은 형태적으로 보아 공간 차원에서 정리하면,

① 0차원계 : 구체적으로는 나노 입자계 (플라렌, 초미립자계)
② 1차원계 : 구체적으로는 나노튜브, 나노 파이버 등
③ 2차원계 : 구체적으로는 나노 시트, 나노 프레이크 등
④ 3차원계 : 구체적으로는 나노 3차원 구조체, 공연속 구조체

이러한 나노재료는 0차원계라면 그것들을 어떻게 공간 배치하느냐 (직선상 (1차원), 평면상 (2차원), 공간 분포 (3차원))에 따라 거시적인 성질이 전혀 다르게 된다. 1차원계이면 그것들을 2차원·3차원에서, 2차원계라면 3차원에서 어떻게 배치하느냐가 문제이다.

구체적인 예는 다음 장에서 설명하겠지만 나노재료의 공간 배치 제어에 따라 매우 흥미로운 고분자 나노재료를 획득할 가능성이 있다. 또 온도, 유동장, 전기장, 자기장 등의 물리적인 방법 혹은 표면 그래프트, 표면처리와 같은 화학적 방법으로 이들의 공간 배치를 제어할 수 있다면 매우 흥미로운 일이겠지만, 이러한 연구는 이제 막 시작 단계로 보아도 무방하다.

1·4 폴리머 나노 알로이

폴리머 알로이 (polymer alloy)의 정의는 그림 1-4[3]와 같이 '이종 고분자 사슬 서로가 마이크로적으로 보아 공존한 고분자 다성분계'이다. 이 정의에 따르면 공중합체 중에서 교차 공중합체나 랜덤 공중합체는 폴리머 알로이라고 하지 않지만, 블록 공중합체나 그래프트 공중합체는 이종 고분자 사슬을 공유결합으로 연결한 것이므로 폴리머

알로이 종류에 포함된다.

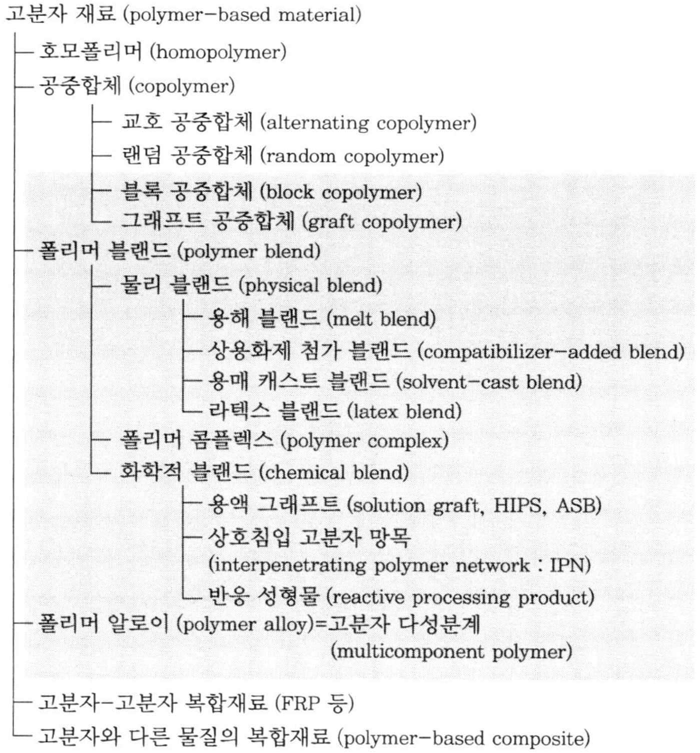

그림 1-4 **폴리머 알로이의 정의**[3]

　폴리머 알로이에서 그 물성은 폴리머 상호의 상용성 (miscibility), 혼화성 또는 상용성 (compatibility), 비상용성 (immiscibility), 비혼화성 또는 비상용성 (immiscibility)에 따라 크게 다르다. 이것은 이종 (異種)의 폴리머끼리가 분자 오더로 혼합되어 있는가, 전혀 혼합하지 않고 상분리되어 있는가 (비혼화성 또는 비상용성), 상분리되어 있을지라도 계면에서 서로 혼합된 상태 (혼화성 또는 상용성)인가, 상분리되어 있을지라도 서로 상 (相) 내부에서는 이종 (異種)의 폴리머끼리 분자 오더로 혼합되어 있는가 (비상용성)에 따라 좌우된다.

폴리머 알로이에 관한 연구 개발은 현재 매우 활발하게 진행되고
있다. 문헌과 특허만도 10만 건이 넘는다고 한다. 한 해 동안에 수천
편의 논문·특허가 발표되고, 실용에 제공되고 있는 고분자재료의 대
부분은 폴리머 알로이의 과학기술이 활용되고 있다 하여도 과언이 아
닐 정도이다. 이렇게까지 된 이유로는 폴리머 알로이의 목적의 다양
성을 들 수 있다. 표 1-2[3]에 그 목적을 물성, 성형 가공성, 경계성으
로 크게 분류한 예를 들었다. 실제 목적은 표 1-2의 개별적이 아니라
예를 들면 (내충격성)×(유동성)×(리사이클)처럼 복수의 목적을 충족
하는 것이 요구되므로 단일 고분자로 이 요구에 수응하는 것은 불가
능에 가깝다.

표 1-2   폴리머 알로이의 목적별 분류 예[3]

물성	기능화	제진성(制振性), 점착·접착성, 마찰특성, 자기윤활화, 친수성, 도금 가능화, 도장성, 가스 발리어성, 선택 투과성, 제전성, 도전성, 광도전성, 압전성, 굴절률 변화, 복굴절제어, 투명화, 펄광택, 생체, 생분해성, 적합성, 약물방출성, 극세섬유화, 다공성 고분자화, 상용화, 유연화, 경량화 등
	고성능화	내충격성, 내환경 응력 균열성, 고강도, 고탄성률화, 난연화, 열변형 온도 향상, 내인열성, 내크리프·응력 완화성, 내굴곡·피로성, 내마모성, 내트래킹성 등
	내구성	내열성, 내한성, 내추출·이행성, 내유성, 내수성, 내흡습성, 내약품·용제성, 내후성, 내변색성, 내오존성, 내방사선성 등
성형 가공성		유동성, 수축성, 밸러스 효과, 그린강도, 열용융강도, 브로성 형성, 접착·이형성, 치수안정성, 결정성, 결정화 속도, 배향성, 작업성 등
경제성		증량(增量), 대용, 자원절약성, 리사이클 등

보통 폴리머 알로이는 그 구조의 크기가 μm 오더가 많았으나 최근에는 그 오더를 1/10~1/1000로 낮추어 수십 nm 오더로 할 수 있는 예가 증가하고 있다. 이렇게 되면 빛의 파장 이하로 되므로 투명성일 뿐만 아니라 표 1-2의 많은 특성을 충족시킬 수 있다. 대부분은 그림 1-4의 블록, 그래프트 공중합체, 그것들을 고분자 계면활성제(상용화제라고도 한다)로 사용한 폴리머 블랜드계 반응 성형으로, 혼합 중에 고분자 상용화제를 발생시키는 시스템 등이다. 이것을 최근에는 폴리머 알로이라고 하며, 연구 개발이 활발하게 진행되고 있고 실용화도 추진되고 있다.

1·5 폴리머 나노 콤퍼짓 재료

고분자에 μm 오더 또는 그 이하의 미립자계를 복합하여 폴리머 콤퍼짓(고분자계 복합재료)를 만드는 예는 오래전부터 실시되었다. 표 1-3은 그 대표적인 예를 보인 것이다. 여기서는 형상을 공간 차원에서 분류하여 0차원(입자상), 1차원(섬유상), 2차원(박편상)으로 하였다. 3차원은 스펀지상, 공연속(共連續) 구조에 대응한다.

표 1-3 **폴리머 콤퍼짓용 재료의 예**

폴리머용	입자상	카본블랙, 풀러렌, 실리카(화이트 카본), 탄산칼슘, 탄산마그네슘, 황산바륨, 크레, 탈크, 산화티탄, 산화아연, 가황 고무분 등
	섬유상	나노튜브, 유리섬유, 카본섬유, 나노 파이버, 유기섬유(셀룰로오스, 합성섬유 등)
	박편상	마이카, 그래파이트, 이황화 몰리브덴, 페라이트, 몬모릴로 나이트 등

이들 재료의 크기는 μm 오더가 일반적이지만 그것을 nm 오더로 하면 그 복합재의 물성에는 비약적인 변화가 나타나는 사실이 최근에 인

지되어 그것을 폴리머 나노 콤퍼짓 또는 나노 콤퍼짓으로 부르게 되었다. 이 경우도 콤퍼짓으로 하는 데에는 많은 목적이 있다. 표 1-4[3)]에 그 대표적인 예를 들었다.

표 1-4 미립자 복합 고분자계의 목적 분류 예[3)]

물성	고성능화	강도, 탄성률, 가스 바리어성, 마찰계수, 내마모성, 내인열성, 내크리프성, 응력완화성, 내굴곡 균열성, 내피로성, 경량화, 중량화 등
	내구성	내후성, 내열성, 내유성, 내수성, 내약품성, 난연성 등
	기능화	전기전도성, 열전도성, 제진성, 접착성, 착색성, 투과성, 자성 부여, 내방사선성, 전자기파 흡수, 압전성, 감압도전성, 감습성 등
성형 가공성		유동성, 표면 살갗, ballas 효과, 그린강도, 수축성, 작업성, 치수안정성 등
경제성		증량, 자원절약 등

공업적으로 보아서 가장 대규모로 이루어지고 있는 것은 카본블랙 (carbon black : 입자 지름 10~100 nm)에 의한 고무 보강일 것이다. 이것은 역사적으로는 100년 가까이나 되었고, 실제로 100년 정도 이전의 옛 타이어는 그림 1-5에서 보는 바와 같이 백색이고, 표 1-3에서 말하면 평균 입자 지름 수 μm의 탄산칼슘이 주로 사용되었다. 하지만 1905년 전후에 카본블랙을 고속에 배합하면 보강성, 내마모성 등이 월등하게 향상된다는 사실이 발견됨으로써 1910년경부터는 백색 타이어는 모습을 감추고 카본블랙을 배합한 검은 타이어 시대로 접어들었다.

그림 1-6[3)]은 신장 (伸張) 비결정성 고무 (스티렌-부타디엔 공중합 고무, SBR)의 신장비 α와 응력 σ의 관계를 보인 것이다.

그림 1-5 **백색 타이어를 착용한 클래식 카(1905년형 스탠레,
증기 자동차, 클리블랜드 자동차 박물관 소장)**

순고무 가황물에 대하여 카본블랙(cabon black) 보강물의 응력·비틀림 곡선(straim curve)은 대폭 개선되어 전혀 다른 재료처럼 작용한다. 또 이와 같은 복합재료에서는 고분자와 다른 물질인 입자 표면과의 상호작용이 중요하며, 같은 입자 지름의 카본블랙일지라도 그것을 열처리해 그래파이트화하여 불활성으로 하면 그림 1-6의 C처럼 B와는 전혀 다른 결과가 된다. 이와 같은 연유로 복합재료의 계면에 관한 학술지가 발행되었으며 국제회의까지 개최되고 있다.

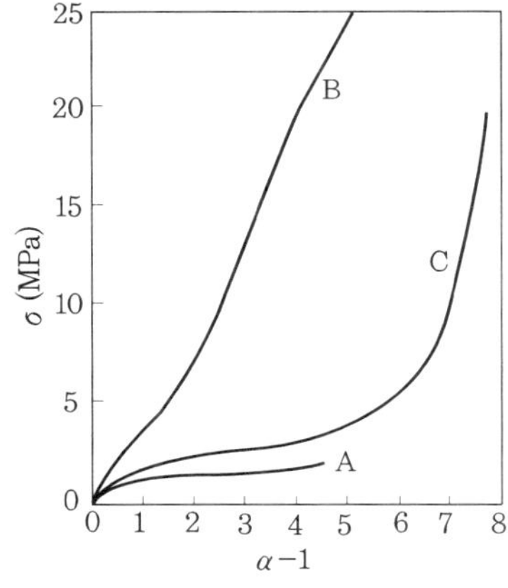

그림 1-6 **신장 비결정성 고무의 신장비 α와 응력 σ의 관계**[3]

　　최근에는 카본블랙보다 더욱 미립자인 실리카 (평균 입자 지름 10 nm 이하)를 사용하여 내마모성 웨트 스키드 (wet skid : 젖은 노면에서의 슬립)성이 양호한 것이 획득되고, 컬러화도 가능한 타이어가 출현하였다. 그러나 검은색 타이어 시대는 이미 100년 이상이나 이어져 오고 있으며, 그런 만큼 안전성, 신뢰성이 요구되는 재료분야에서는 신중한 발전이 요구되는 좋은 예라 할 수 있다. 표 1-5[7]는 고무로 고려할 수 있는 복합체의 구조 범위와 주요 효과를 정리한 것이다. 구조뿐만 아니라, 분자 운동성도 중요하며, 특히 nm 오더에서의 문제를 클리어한다면 커다란 전개가 예상된다.

표 1-5　고무 복합체의 구조 범위와 주요 효과[7]

구 조	범 위	주요 효과
고무/가교	~수 nm	분자 사슬의 운동성, 고무탄성
고무/전분자물	~10 nm	분자 사슬의 운동성, 점탄성
고무계 블록, 그래파이트 공중합체	~30 nm	계면, 점탄성, 분자 사슬의 운동성
IPN	10 nm~1 μm	계면, 점탄성, 분자 사슬의 운동성
고무/고무 블랜드	~수 10 μm	분자 사슬의 응집상태, 계면
고무/충전제	수 nm~100 μm	계면상태, 이방성
고무/단섬유	수 μm~수 cm	계면상태, 강한 이방성
고무/장섬유	수 100 μm~수 m	계면상태, 강한 이방성
적층물	수 mm~수 m	이방성

1·6 기타 고분자 나노재료

　고분자 나노재료로는 이 밖에도 나노 오더의 합성 고분자인 덴드리머, 나노입자, 나노입자를 이용한 드래그 딜리버리 시스템 (DDS), 초임계를 구사한 나노 오더의 고분자 발포체, LB막을 사용한 나노 시트와 적층제 등 많은 고분자 나노재료류가 출현하고 있다. 어느 정도가 실제로 사용될지는 미지수이지만 앞으로 전개가 기대된다 (니시 도시오·나까시마 젠/도쿄공업대학 대학원 교수).

컬럼　빛의 한계를 초월하는 전자 현미경

사람이 어떤 물체를 보는 경우 눈 안의 수정체(렌즈)가 광학적인 역할을 한다. 하지만 이 자연적인 렌즈로는 대략 0.1 mm 이하의 미세한 구조는 분해하지 못한다. 그래서 보다 작은 물체를 확대하여 관찰하는 보조 수단으로 고안된 것이 돋보기이고, 광학 렌즈를 조합한 각종 광학 현미경이다.

그러나 아무리 높은 정밀도의 렌즈를 조합한 광학 현미경일지라도 그 확대 능력에는 파장으로 기인한 한계(회절한계)가 존재한다는 것이 1873년에 밝혀졌다. 그에 의하면 가시광의 파장은 짧은 파장일지라도 400 nm 정도이고, 광학 현미경의 분해능은 그 절반인 200 nm 정도가 한계이다. 따라서 보다 미세한 구조를 관찰하기 위해서는 빛에 의존하지 않는 현미경이 필요했었다.

20세기에 들어 전자의 발견과 그 파동성의 인식, 자계의 렌즈작용 등이 전자 현미경 발명으로 이어졌다.

전자 현미경은 전자선을 이용하여 시료의 확대상을 관찰하는 장치이다. 광학 현미경에 비해 전자 현미경은 높은 배율로 상을 관찰할 수 있다. 그 원리는 광학 현미경은 가시광선을 광원으로 사용하여 상을 관찰하지만, 전자 현미경은 가시광선에 비하여 훨씬 파장이 짧은 전자선을 사용하기 때문이다. 또한 전자 현미경의 경우는 광학 현미경에서 사용하는 유리 렌즈 대신에 전자 렌즈를 사용하며, 전자선은 공기 속을 진행할 수 없으므로 전자선의 통로인 거울체 안은 높은 진공으로 유지되고 있다.

전자 현미경에는 투과형 전자 현미경(transmission electron micro- scope : TEM)과 주사형 전자 현미경(scanning electron microscope : SEM)이 있다. 이 양자의 차이는 TEM의 경우 두께 0.1 μm 이하로 얇게 자른 시료에 전자선을 쬐어 시료를 투과한 전자로 상을 얻어 내부 구조를 관찰하는데 비해, SEM에서는 시료면

위를 전자선으로 주사하여 거기서 얻는 2차 전자와 반사 전자를 사용하여 표면 구조를 관찰한다.

전자 현미경은 시료의 전처리와 진공 속에서의 측정 등 제한이 많았다. 때문에 그러한 제한을 극복하기 위해 1970년대 이후 주사형 프로브 현미경 (SPM)을 개발하게 되었다.

현미경 발전의 추이

구 분	연 도	내　　　용
광학 현미경 시대	1873	• 광학 현미경의 확대 능력에는 파장에 기인하는 회절한계 (200 nm)가 존재한다는 것을 발견 • 빛에 의존하지 않는 현미경의 필요성 (보다 고분해능을 목표로)
전자 현미경 시대	1924 1932 1935 1938	• 전자 발견과 파동성 인식 • M. Knoll, E. Ruska : 투과형 전자 현미경 (TEM)을 완성 • M. Knoll : 주사형 전자 현미경 (SEM)의 원리 제시 • V. Ardenne : SEM을 시험 제작 • 높은 수직방향 분해능의 필요성 (원자·분자의 관찰)
주사형 프로브 현미경 시대	1972 1981 1986 1992	• 주사형 근접장 광학 현미경 (SNOM)의 실험적 확인 • 주사형 터널 현미경 (STM)을 발명 • 원자간 힘 현미경 (AFM)을 발명 • SNOM의 대폭 개량으로 파장 1/40의 공간 분해능을 달성

·참 고 문 헌·

1) 西 敏夫：化学技術戦略推進機構 (JCII) News, 63 (2), 8 (2002).
2) 森田裕史：『ゴム・エラストマーの界面と機能』，第2章，シーエムシー (2003).
3) 西 敏夫，酒井忠基：日本高分子学会編，高分子加工 One Point-8 『マイクロコンポジットをつくる』，共立出版 (1995).
4) 高分子学会高分子ABC研究会編：『ポリマーABCハンドブック』，エヌ・テイー・エス (2001).
5) 中濱精一監修：『精密高分子技術』，シーエムシー (2004).
6) 志賀昭信：高分子材料基盤技術ワークショップ，日本通商産業省・新エネルギー産業技術総合開発機構，p.42 (2000년 9월).
7) 西 敏夫：日ゴム協誌，72, 535 (1999).

제 2 장

고분자 나노재료의 구조와 물성

2·1 머리말

제1장에서 개관한 바와 같이 고분자 나노재료를 재료다운 것으로 하기 위해서는 그 재료가 실제로 사용되는 목적에 맞는 물성과 성능을 가져야 한다. 이것은 비단 나노재료에 국한된 이야기는 아니지만 뜻밖에도 이 점이 간과되는 것이 현실이다.

다시 말하면 고분자 나노물질을 만드는 연구가 선행되고, 그 고분자 나노재료로서의 물성 평가에는 소홀한 경향이 있는 것이 사실이다. 하지만 이와 같은 경향은 앞으로 연구의 진척도에 따라 그 중점이 옮겨질 수도 있을 것이고, 무엇보다 역사가 일천한 이 분야에서는 불가피한 처사인지도 모르겠다. 이와 같은 현실을 감안하지 않을지라도 고분자 나노물질·재료를 다루기 위한 특화된 방법론, 이론 같은 것은 존재하지 않는다. 따라서 고분자 나노재료를 정확하게 설계하는 지침 같은 것도 현재로서는 전무한 상태이다.

하지만 과거의 문헌을 살펴보면 거기서 배울 것이 많다. 주제에서 다소 벗어나는 설명이지만 나노테크놀러지가 큰 붐을 일으켰던 1990년 이후, 원자와 분자가 아득히 먼 존재가 아니라 우리들 눈 앞에 아름다운 세계를 들어내게 되었다. 그런 관계로 '숨겨진 변수'가 아니라 모두가 우리의 관측에 노출되게 되었다.

그래서 열역학이나 통계역학 기법으로 숨겨진 참모습을 상상하는 것이 아니라 직접 보아야 한다는 풍조가 나타났다. 그것은 그렇다 하더라도, 학문의 중점이 완전히 그쪽으로 이동하여 과거의 유산이 망각되고 만다면 그것은 심히 우려할 처사이다.

그러한 풍조에 조금이라도 거역한다는 의미도 있어 이 장에서는 고분자 이론의 기초를 현시적인 의미도 포함하여 다시 고찰하기로 하겠다. 고전이라는 이유로 멸시하여서는 안 된다. 뒤에서 느끼게 되겠지만 그러한 이론은 이미 나노테크놀러지가 논쟁거리가 되기 훨씬 이전부터 나노 스케일에서 발생하는 현상에 대하여 언급하고 있었으니까 말이다.

먼저 폴리머 나노 알로이, 폴리머 나노 콤퍼짓의 장래를 고찰하기 위해 필요한 상용(相容)·상분리 이론을 개관하겠다. 폴리머 블랜드의 상분리 구조와 마이크로 상분리 구조의 유사점, 다른 점을 이해하기 바란다. 다음에 폴리머 나노 알로이의 계면, 폴리머 나노 콤퍼짓의 계면을 고찰하기 위한 단서가 되는 이론을 소개하겠다. 끝으로 몇 가지 고분자 나노재료에 관한 예를 들어 설명을 가하도록 하겠다.

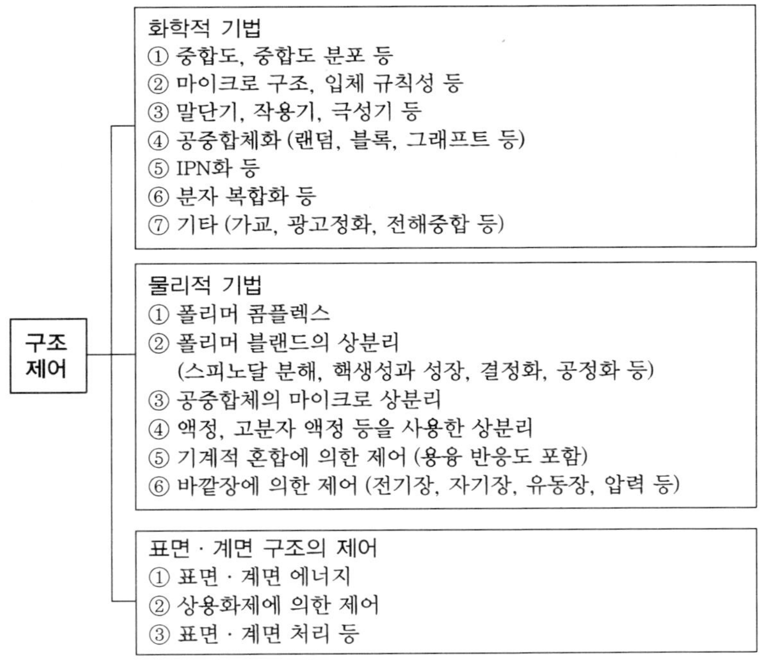

그림 2-1 **폴리머 알로이의 구조제어**[1]

그림 2-1에 보인 것은 약 10년 전에 필자 중의 한 사람이 관계한 『마이크로 콤퍼짓을 만든다』[1]에서 그대로 발췌한 폴리머 알로이의 구조제어에 관한 그림[2]이다. 당시 μm 스케일에서 논의되었던 것이

nm 스케일로도 통용되는 것인지, 아니면 본질적으로 무엇이 다른지, 그와 같은 오늘날의 관점에서 그림을 살펴보기 바란다.

이 장에서 이제부터 기술하는 이론이 오늘날 우리들이 목전에 두고 있는 온갖 현상을 그대로 설명할 수 있다면 그것은 재료적인 관점에서 말한다면 단순한 성능 향상으로밖에 인정되지 않는다. 나노 스케일에서라면 발현하는 무엇인가 새로운 것이 거기에 있으므로 해서 사람들은 거기에 꿈을 걸게 될 것이다.

2·2 상용 · 상분리 이론

(1) 폴리머 블랜드계의 상도

두 종류 이상의 폴리머를 임의로 선정하여 그것을 혼합하면 대부분의 경우 상분리계를 형성하지만 현재까지 수백 종 정도는 상용성(相容性)을 나타내는 것으로 알려져 있다. 이 중 상당한 조합에서는 조건에 따라 상용하기도 하고, 상분리하는 상도를 나타낸다. 즉 조건에 따라 구조가 소멸(상용)되거나 구조가 발생(상분리)하기도 한다.

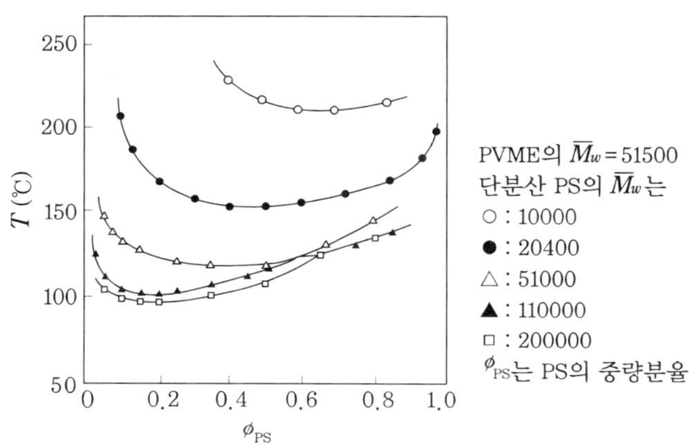

그림 2-2 PS/PVME 블랜드계의 상도[1]

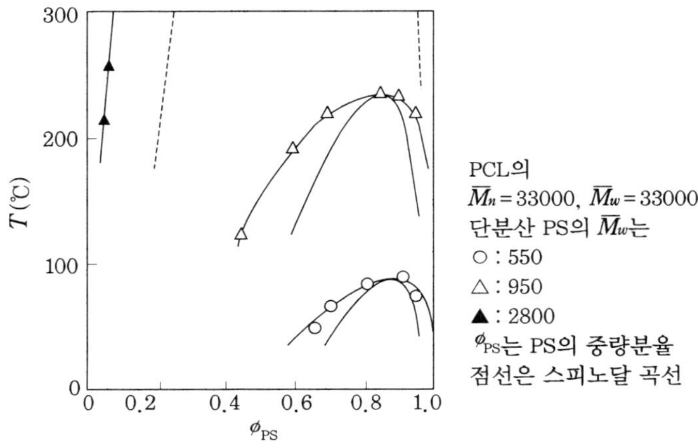

그림 2-3　PS/PCL 블랜드계의 상도[1]

　　비정 (非晶)상태에서 나타나는 대표적인 상도 (相圖)의 예를 그림 2-2,[1,3] 그림 2-3[1,4]에 보기로 들었다. 그림 2-2는 폴리스티렌 (PS)/폴리비닐 메틸에테르 (PVME) 블랜드계의 예로, 상도의 PS 중량분율 ϕ_{ps} 의존성과 PVME의 분자량을 고정하였을 때 상도의 PS 분자량 의존성을 나타내고 있다. 이 계는 상도 아래쪽의 온도, 조성영역에서 상용하고 위쪽 영역에서 상분리한다. 이 형태의 상도를 가리켜 상분리에 하한 온도가 있으므로 하한 임계 공용온도 (lower critical solution temperature : LCST)형 상도라고 한다. 그림에서 분자량이 높을수록 상도는 아래쪽으로 내려와 상분리하는 온도가 낮아지는 것을 알 수 있다. LCST형 상도는 분자량이 높은 폴리머 상호의 블랜드계에서 많이 볼 수 있다.

　　한편 그림 2-3에서는 반대로 저온 쪽에서는 상분리하고 있지만 온도를 높이면 상용하는 상한 임계 공용온도 (upper critical solution temperature : UCST)형 상도의 예이다. 그림에서는 폴리 (ε-카프롤락톤 (caprolacton : PCL))의 분자량을 고정하고 단분산 PS의 분자량을 550에서 2800까지 변화시키고 있다. 이 경우도 상도는 PS의 분자량에 크게 의존하여, PS의 분자량이 높아지면 대부분 상분리계로 간주하여도 된다. UCST형 상도는 올리고머 (oligomer)가 얽힌 블랜드계에서 많이 볼 수 있다.

이들 그림을 통하여 폴리머 블랜드의 상용성을 고찰하는 경우 분자량 의존성에 세심하게 주의하지 않으면 안 되는 것을 알 수 있다. 같은 폴리머 블랜드일지라도 분자량이 다르면 상용계이기도 하고 상분리계이기도 하다. 구조의 유무에 상관없이 큰 문제이다.

비정상태에서 볼 수 있는 상도는 이밖에 LCST형 상도와 UCST형 상도가 공존하고, 일정 조성의 블랜드를 가열하면 상분리계→ 상용계→상분리계로 되는 것, LCST형과 UCST형 상도가 부딪쳐 모래시계형 상도로 된 것, 상도가 루프상으로 되고 그 내부에서는 상분리계, 바깥쪽에서는 상용계로 되는 것 등이 있다.[5]

폴리머 블랜드에는 여기서 본 비정성/비정성 블랜드 외에 결정성/비정성 블랜드, 결정성/결정성 블랜드 혹은 저분자 액정과 액정성 고분자를 블랜드한 것 등 다양한 것이 있으며 현시점에서는 계통적인 연구는 별로 이루어지지 않고 있다. 그러나 그 중에서 결정성/결정성 블랜드의 전개에는 앞으로 더욱 흥미를 자아내게 될 것으로 전망된다. 왜냐하면 대부분의 생분해성 폴리머는 결정성이고 환경 적응성이 큰 이들 재료를 공업적으로 응용하는 것이 사회적 요구이기는 하지만 그 역학적 물성에는 다소 불만이 있기 때문이다. 그래서 다른 결정성 폴리머와 블랜드하여 강도를 보강하고자 했다. 저자 등은 이제까지 몇 가지 종류의 상용계를 발견하고 상호 침입 구정 (球晶)이라 명명한 재미있는 결정 구조를 발견하였다.[6]

그림 2-4는 비동시 결정화로 형성된 폴리부틸렌 석시네이트 (PBSU)/폴리에틸렌 옥시드 (PEO) 블랜드계의 편광 현미경 사진이다. 그림으로도 알 수 있듯이 앞서 결정화시켜 형성한 PBSU의 구정 속을 PEO의 구정이 전혀 방해받지 않고 성장하고 있다. 더욱이 복굴절성의 해석에 따르면 이들 구정은 단지 공간적으로 분리되어 있는 것이

아니라 서로 침투된 구조로 되어 있는 것으로 예상된다.

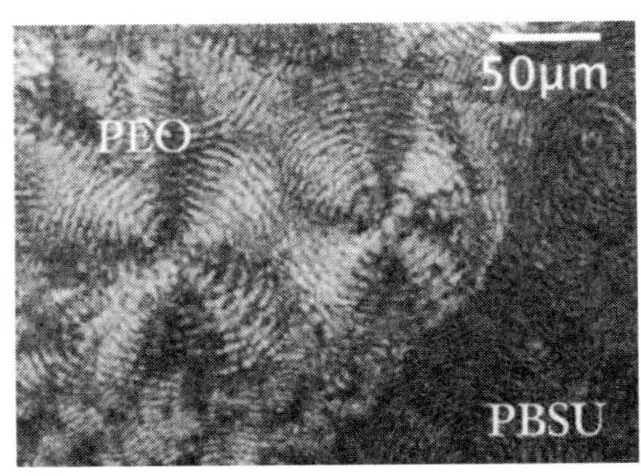

그림 2-4   PBSU/PEO 블랜드계의 상호 침입 구정의
편광 현미경 사진

따라서 그 역학물성은 생분해성 폴리머 단체와는 상당히 다르게
될 것으로 기대된다. 또 분자 차원의 구조 등 상세한 지식은 얻지는
못하였지만 현재도 연구는 정력적으로 이어지고 있다.

(2) 폴리머 알로이의 통계 열역학

이제까지 설명한 혼합계의 상용·상분리 등의 거동을 이론적으로
예측하려고 하는 각종 연구가 진행되고 있다. 기본은 일정 온도 T,
일정 압력 P 아래서 계가 어떠한 상태에 있는가를 다루면 된다. 열역
학적으로 이 조건 아래서는 기브스(Gibbs)의 자유 에너지 G가 극소
값을 취하는 것이 열평형 상태이다. G는 혼합계의 조성, 고분자의 분
자량 또는 중합도, 고분자 간의 상호작용 등의 함수이며 적당한 분자
모델을 사용하면 통계역학을 구사하여 계산이 가능하다.

G의 정의에 따라 계의 엔탈피, 엔트로피, 내부 에너지, 체적을 각
각 H, S, U, V로 하면

$$G \equiv H - TS \equiv U + PV - TS \tag{2.1}$$

이므로 G를 직접 계산하지 않더라도 H, S, U 등이 구해지면 된다. 예를 들면 혼합계가 상용하는가, 상용하지 않는가를 추정하려면 혼합 전후의 $G(\triangle G_{mix})$를 구하고, $\triangle G_{mix} < 0$가 어떠한 상용성을 나타내는 조건이 된다. 이때 T, P가 일정하다는 것을 고려하면 (2.1)식은

$$\triangle G_{mix} \equiv \triangle H_{mix} - T\triangle S_{mix} \equiv \triangle U_{mix} + P\triangle V_{mix} - T\triangle S_{mix} \tag{2.2}$$

로 된다.

여기서는 $\triangle G_{mix}$를 구하기 위한 가장 단순한 Flory–Huggins–Scott의 이론을 소개하겠다.[7] 이 이론에서는 중합도 n_1, n_2의 폴리머 1, 2를 혼합하여 각각의 체적분율이 ϕ_1, $\phi_2(\phi_1 + \phi_2 = 1)$일 때 N을 격자점의 총수, k를 볼츠만 상수로 하여

$$\triangle S_{mix} = -Nk\left(\frac{\phi_1}{n_1}\ln\phi_1 + \frac{\phi_2}{n_2}\ln\phi_2\right) \tag{2.3}$$

로 된다 (보충 설명 참조 (62쪽)). 또 $\triangle H_{mix}$는 $\triangle V_{mix} = 0$이라는 근사 아래서

$$\triangle H_{mix} = \triangle U_{mix} = NkT_{x_{12}\phi_1\phi_2} \tag{2.4}$$

로 된다.

여기서 x_{12}는 폴리머 1, 2 간의 상호작용 파라미터이다. 따라서

$$g \equiv \frac{\triangle G_{mix}}{NkT} = \frac{\phi_1}{n_1}\ln\phi_1 + \frac{\phi_2}{n_2}\ln\phi_2 + x_{12}\phi_1\phi_2 \tag{2.5}$$

의 거동으로 상용 · 상분리를 논할 수 있다. 다음에서는 $\phi_2 = \phi$, $\phi_1 = 1 - \phi$로 쓰기로 하면

$$g \equiv \frac{\triangle G_{mix}}{NkT} = \frac{1-\phi}{n_1}\ln(1-\phi) + \frac{\phi}{n_2}\ln\phi + x_{12}(1-\phi)\phi \qquad (2.5')$$

로 된다.

그런데 그림 2-5에 모식적으로 보인 바와 같이 자유 에너지와 상용성 관계는 다음과 같이 시각적으로 파악하며 이해하기 쉽다. 지금 상용상태에 있던 폴리머 블랜드 (폴리머 2의 체적분율 ϕ_0)가 상분리하였다고 하여 그 2상의 체적분율이 ϕ'와 ϕ'' ($\phi'' > \phi_0 > \phi'$)로 되었다고 친다. 이때 각 상의 양은

$$\frac{\phi''-\phi_0}{\phi''-\phi'}(\phi'\text{의 상}), \quad \frac{\phi_0-\phi'}{\phi''-\phi'}(\phi''\text{의 상}) \qquad (2.6)$$

이다. 예를 들면 앞의 PS/PVME 블랜드계에서 PS의 체적분율이 0.5였던 것이 0.2 (PVME 리치상)와 0.6 (PS 리치상)으로 분리하였다고 하면, PVME 리치상과 PS 리치상의 양 (원래의 체적을 1로 한다)은 각각 1/4과 3/4이 된다. 즉 PS 리치상의 바닷속에 PVME상이 섬으로 분산된 구조가 만들어진다. 여기서 전 계의 에너지 $\overline{G}$는 체적분율 ϕ'부분의 자유 에너지가 G'이고, 체적분율 ϕ''부분의 자유 에너지가 G''이므로

$$\overline{G} = G'\frac{\phi''-\phi_0}{\phi''-\phi'} + G''\frac{\phi_0-\phi'}{\phi''-\phi'} \qquad (2.7)$$

로 된다. 이것은 그래프적으로는 $(\phi',\ G')$점과 $(\phi'',\ G'')$점을 연결하는 직선과 $\phi = \phi_0$의 교차점 J를 나타내고 있다.

그런데 그림 2-5 (a)와 같이 자유 에너지의 곡선이 아래로 凸인 경우에는 원래의 자유 에너지값 G_0 (그래프 상의 I 점)은 항상 $\overline{G}$보다 작다. 즉 상분리하지 않는 것이 에너지적으로 이득이다.

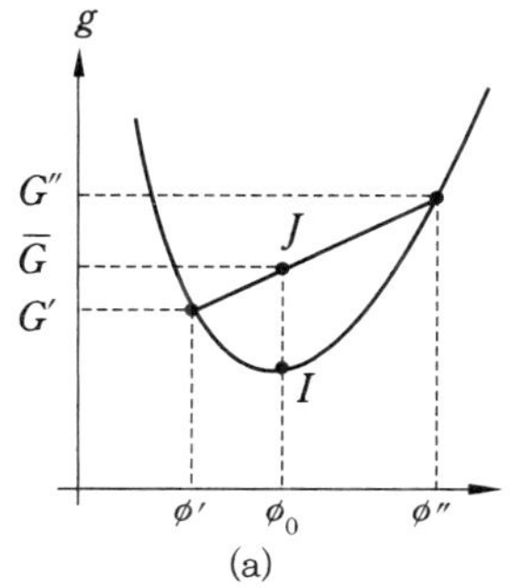 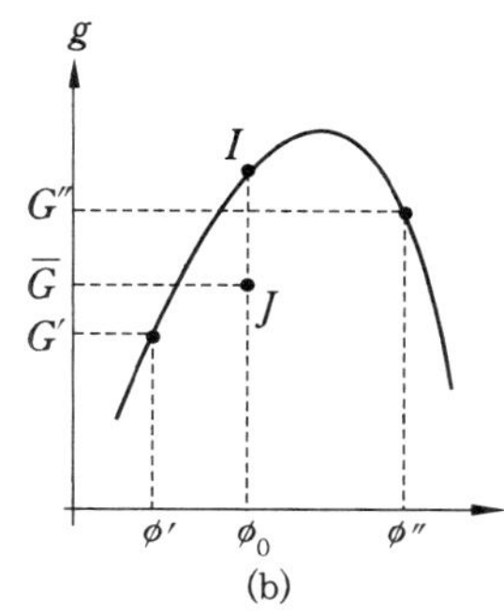

그림 2-5 **(a) 상용과 (b) 상분리 및 자유 에너지의 곡률 관계**

반대로 곡선이 위로 ⌒인 경우(그림 2-5 (b)) I점은 항상 J점보다 위이므로 상분리하는 방향으로 계가 변화하게 된다. 위에서 보아 온 바와 같이 어떤 계가 상용계인지, 상분리되는가는 자유 에너지의 곡률과 관계가 있다.

설명을 (2.5′)식으로 되돌리겠다. $\phi\ln\phi$는 $\phi=0.1$일 때 0이 되는 아래가 ⌣의 함수로, $\phi=1/e$일 때에 극소값 $-1/e$을 부여한다. $(1-\phi)\ln(1-\phi)$도 마찬가지로 $\phi=0.1$인 때에 0이 되는 아래가 ⌣의 함수이지만 극소값(값 자체는 마찬가지로 $-1/e$)을 부여하는 ϕ가 $1-1/e$로, 바로 $\phi=1/2$의 곳에서 대칭형이 된다. 실제로는 이것들을 합친 것이 엔트로피항이 되는 셈이므로 엔트로피항은 항상 계를 상용시키는 방향으로 향하게 할 수 있다.

또 엔트로피항의 분모에 중합도가 들어가는 것은 이종(異種) 고분자를 혼합하였을 때의 자유 에너지 곡선 혹은 그 귀결로, 실험적으로 구할 수 있는 상도($T-\phi$ 곡선)가 한쪽으로 치우친 형체가 되는 것에 대한 설명이기도 한 사실에 유의하기 바란다.

다음에 (2.5′)식의 오른쪽 변 제3항(엔탈피항)에 대하여 고찰하겠다. 이 항은 $\phi=0.1$일 때 0을 통하는 2차 곡선으로, x_{12}의 음양에 따라 각각 위에 ⌒, 아래에 ⌣의 모양을 취한다. 따라서 x_{12}가 음일 때

계는 항상 상용이고, 양이면 상분리 할 수 있게 된다. 실제로는 엔트로피항의 분모에 중합도라는 큰 숫자가 들어가므로 전체로서 엔트로피항의 기여는 작고, 계의 상용성은 거의 이 x_{12}의 값에 의해서 결정된다. 분자론적으로는 x_{12}가 음일 때에는 폴리머 1과 2는 인력적 상호작용을 가지고 있고, 양일 때에는 배척적이게 된다. 따라서 상용계를 얻기 위해서는 폴리머 상호에 어떠한 인력적 상호작용을 도입할 필요가 있다. 예를 들면 수소 결합이나 전자공여-수용체적 상호작용, 이온 상호작용, 극성지에 의한 상호작용 등이다.

또 재미있는 예로, 상호작용 파라미터가 양이고 서로 반발하는 모노머끼리 랜덤 공중합체를 만들면 이 고분자와 다른 고분자의 블랜드로 그 x_{12}가 음으로 될 수 있다는 사실이 발견되었다. 척력적 상호작용을 역수로 취한 이 상용성의 제어는 '상용성의 창'이라는 표현으로 잘 알려져 있다.[8]

그런데 x_{12}는 일반적으로 온도, 조성 등의 함수로 되어 있는데 이 기체 상수를 R로 하여 다음 형식으로 근사할 수 있는 경우가 많다.

$$x_{12} = A + \frac{B}{RT} \tag{2.8}$$

결국 온도를 변화시키면 상용이었던 계가 상분리하는 (그 역으로도) 것은 이 x_{12}의 기여에 의한 셈이다.

(3) 상분리 다이내믹스

폴리머 블랜드계로 그림 2-2, 그림 2-3과 같은 상도($T-\phi$ 곡선)가 획득되어도 그것은 계가 상용인가, 상분리인가를 표현하고 있을 뿐이며 실제로 어떠한 상분리 구조로 되는가는 불명확하다.

앞에 설명한 바와 같이 상분리가 열평형 상태로 되기까지 기다리면 (2.6)식과 같은 조성이 획득되는 셈이지만, 고분자계에서는 계의 점성(viscosity)이 높기 때문에 상분리 진행과정 중 상태의 상구조를 표현할 수도 있다. 따라서 상분리의 다이내믹스를 배우면 계의 구조제어에 관한 어떤 지식을 얻을 수 있다.

최근에는 상분리한 두 상의 점탄성 특성이 크게 다른 경우에 보통 상분리 현상과는 전혀 다른 거동을 나타내는 것이 발견되었으며 (점탄성 상분리)[9] 상분리의 다이내믹스 중요성이 더욱 높아지고 있다. 여기서 그와 같은 최근의 전개를 구체적으로 설명하기는 어렵기 때문에 그것을 이해하는 데 필요한 기초를 기술하도록 하겠다.

상분리 다이내믹스는 크게 나누어서 두 가지 방법이 있다. 핵생성과 성장에 의한 상분리에서는 계는 준안정상태에 있고, 큰 조성의 흔들림이 있는 최종 조성을 가진 작은 핵을 생성하여 그 사이즈가 성장한다.

한편, 스피노달 분해(spinodal decomposi-tion)에 의한 상분리에서는 계가 불안정상태에 있고 어떠한 작은 흔들림도 계의 자유 에너지를 저하시키므로 그 흔들림이 증가하여 자발적으로 상분리가 성장한다.

이 두 상분리의 차이는 앞에서 다룬 자유 에너지 곡선을 음미함으로써 이해할 수 있다. 여기서는 설명을 간단하게 하기 위해 그림 2-6과 같이 $n_1 = n_2 \equiv n$의 대칭적인 경우에 대해서만 고찰하겠다. 이 경우 g는 $\phi = 0.5$인 곳에서 대칭이 된다.

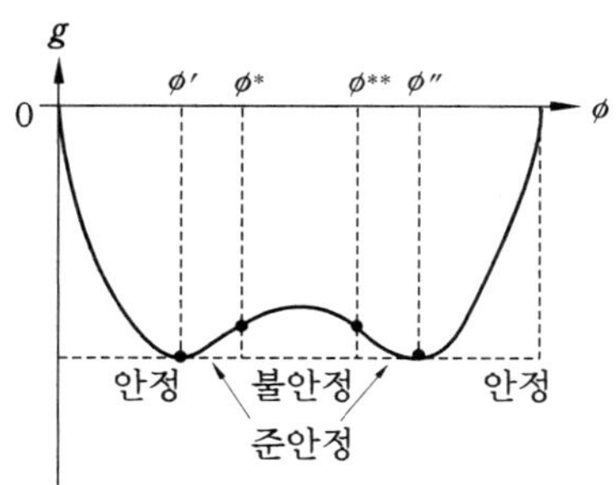

그림 2-6 핵생성 & 성장과 스피노달 분해

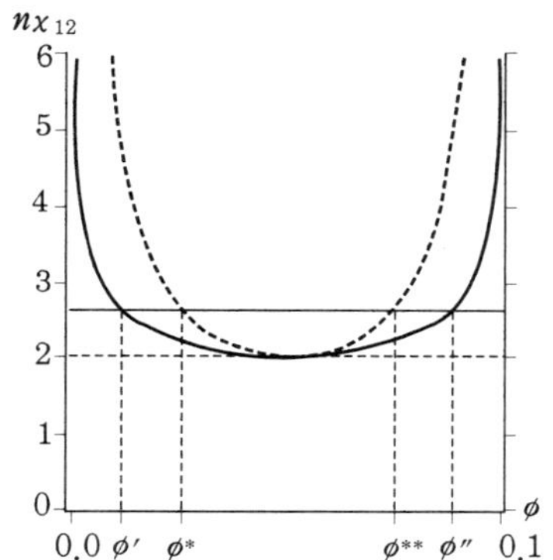

그림 2-7 상도에서의 공존선(실선)과 스피노달 선(점선)

일반적으로 2상으로 상분리한 계의 공존 조건은 '각 상의 화학 퍼텐셜 μ가 서로 상등한' 데 있다. ϕ에 대한 g의 미분이 화학 퍼텐셜이므로 그래프적으로는 '공통 접선을 그을 수 있는' 것에 상당하다.

그림에서는 $\phi = \phi'$, ϕ''의 곳에서 공통 접선을 그을 수 있으며, 상분리 후 2상의 각 최종 체적분율이 된다. 대칭인 경우는 ϕ'와 ϕ''는 각각 극소값을 부여하는 부분으로

$$\mu \equiv \frac{\partial g}{\partial \phi} = \frac{1}{n}\ln\frac{\phi}{1-\phi} + x_{12}(1-2\phi) = 0 \tag{2.9}$$

이 되는 점이므로

$$x_{12} = \frac{(-1)}{n(1-2\phi)} \ln \frac{\phi}{1-\phi} \tag{2.10}$$

를 얻는다 (그림 2-7의 실선은 공존선 혹은 바이노달 곡선이라고 한다).

(2.8)식에 의해 x_{12}는 온도 의존성이 있으므로 nx_{12}축은 온도축이라 간주하여도 된다. 즉 이 곡선이 상도와 동등하다. 그런데 전 조성에서 상용이 되는 임계점은 $nx_{12} - \phi$ 곡선의 극소점이 되지만 이 그래프처럼 대칭인 경우는 분명하게

$$\phi_c = \frac{1}{2}, \quad x_c = \frac{2}{n} \tag{2.11}$$

로 된다. n은 중합도이므로 x_c는 매우 작다. 이것이 폴리머 블랜드계에서 일반적으로 볼 수 있는 비상용성의 본질적 이유이다.

그림 2-6의 $g - \phi$ 곡선 혹은 그림 2-7의 $nx_{12} - \phi$ 곡선에서, ϕ'보다 왼쪽 혹은 ϕ''보다 오른쪽 조성에서 계는 조성의 흔들림에 대하여 안정되고 상용이다. $\phi' < \phi < \phi^*$, $\phi^{**} < \phi < \phi''$에서 g는 아래에 凸 이므로 국소적으로는 안정하지만 일단 에너지의 산을 넘으면 (임계핵) 상분리쪽으로 진행한다. $\phi^* < \phi < \phi^{**}$에서는 g 자신이 위에 凸이므로 자발적으로 상분리한다 (스피노달 분해).

이 스피노달 분해와 핵생성 & 성장의 경계는 따라서 $g - \phi$ 곡선의 변곡점이므로 g의 이차수 미분 (second-order differential)이 0으로 되면 된다.

$$\frac{\partial^2 g}{\partial \phi^2} = \frac{\partial \mu}{\partial \phi} = \frac{1}{n} \frac{1}{\phi(1-\phi)} - 2x_{12} = 0 \tag{2.12}$$

$$\therefore \ x_{12} = \frac{1}{2n} \frac{1}{\phi(1-\phi)} \ (\text{그림 2-7의 점선, 스피노달 곡선}) \tag{2.13}$$

대칭인 경우는 이 스피노달 곡선의 극소값도 공존선의 미소값에 일치하는데 주의하자. 또 보다 일반적으로 $n_1 \neq n_2$ 일 때에도 위의 논의는 해당되며 임계점을 구하기 위한 조건은,

$$\frac{\partial^2 g}{\partial \phi^2} = \frac{\partial^3 g}{\partial \phi^3} = 0 \tag{2.14}$$

이고,

$$\phi_c = \frac{1}{1 + \sqrt{n_2/n_1}}, \quad \chi_c = \frac{1}{2}\left(\frac{1}{\sqrt{n_1}} + \frac{1}{\sqrt{n_2}}\right)^2 \tag{2.15}$$

로 된다.

임계점 근방의 상용영역에서는 국소적인 체적분율 ϕ의 흔들림이 크게 되며 광산란 실험으로 검출할 수 있다.[10] 지금 산란의 파수 벡터를 $\vec{q}$로 하면 측정되는 것은 공간적으로 떨어진 2점 간의 체적분율의 상관함수

$$S_{ij}(\vec{r} - \vec{r}') = \langle \phi_i(\vec{r}')\phi_j(\vec{r}') \rangle - \langle \phi_i(\vec{r}') \rangle \langle \phi_j(\vec{r}') \rangle \tag{2.16}$$

이다. 첨자인 i, j는 폴리머 1, 2에 대응하고 괄호 $\langle \ \rangle$는 열평균을 표시한다. 여기서 생각하고 있는 격자 모형에서는 $\phi_1 + \phi_2 = 1$이 성립되기 때문에,

$$S_{11} = S_{22} = -S_{12} \equiv S \tag{2.17}$$

로 되고, 독립된 상관함수는 단 하나가 된다. 측정되는 것은 이 푸리에 변환으로

$$S(\vec{q}) = b^{-3} \int \exp(i\vec{q} \cdot \vec{r}) S(\vec{r}) d\vec{r} \tag{2.18}$$

이다. 상세는 참고문헌[11]에 미루겠는데, 난잡위상근사라는 방법에 의

해서 상도는 완전하게 계산할 수 있다. 결과는 Debye 함수 $g_D(x)$를 써서 다음과 같이 간단하게 나타낸다.

$$S^{-1}(q) = S_1^{-1}(q) + S_2^{-1}(q) - 2x_{12} \tag{2.19}$$

$$S_i(q) = \phi_i n_i g_D(x_i) = \frac{2\,\phi_i\, n_i}{x_i^2}(e^{-x_i} + x_i - 1), \ \ x_i \equiv q^2 R_i^2 \tag{2.20}$$

여기서 $R_i^2 = n_i\, b_i^2/6$으로 정의되는 R_i는 코일의 관성 반지름, b_i는 폴리머 i의 세그멘트 길이이다. 간단한 고찰로 $q=0$일 때 $g_D(x=0)=1$인 것을 알고 있다. 매우 흥미롭게도 여기서 $q=0$일 때 (2.19)식이 (2.12)식에 상등한 것이 유도된다.

$$S^{-1}(0) = \frac{1}{n_1\phi} + \frac{1}{n_2(1-\phi)} - 2x_{12} = \frac{\partial^2 g}{\partial \phi^2} \tag{2.21}$$

즉 (단, (2.12)식에서는 대칭의 경우를 다루었던 점에 주의) 물리적으로는 q가 작은 극한은 소각산란에 대응하고 있다. (2.21)식은 산란강도가 임계점뿐만 아니라 스피노달 곡선상의 각 점에서 발산하는 것을 의미하고 있다. 광산란은 계가 스피노달 곡선에 접근한 것을 알기 위한 좋은 수단인 셈이다.

$q \to 0$에 대하여, 산란강도의 역수는 간단한 형체가 된다. Debye 함수 $g_D(x)$의 q가 작은 곳에서의 전개 (간단하게 하기 위해 대칭, 즉 $n_1 = n_2 \equiv n$이고 또한 각 세그멘트 길이도 상등하게 $b_1 = b_2 \equiv b$, 따라서 $R_1 = R_2 \equiv R_G$로 한다).

$$g_D(qR_G \to 0) = 1 - \frac{1}{3}q^2 R_G^2 (qR_G < 1) \tag{2.22}$$

를 (2.19)식에 대입하면

$$S^{-1}(q) = 2\left(x_s(\phi) - x_{12}\right) + \frac{q^2 b^2}{18}\frac{1}{\phi(1-\phi)} \tag{2.23}$$

로 된다. 여기서 $x_s(\phi)$는 (2.13)식으로 정의된 스피노달 곡선상 상의 x_{12}의 값이다. 이 식을 보다 표준적인 형식

$$S(q) = \frac{S(0)}{1 + q^2 \xi^2} \tag{2.24}$$

로 고쳐 쓴 경우의 ξ는 흔들림의 상관거리이며,

$$\xi = \frac{b}{6}\left[\phi(1-\phi)(x_s(\phi) - x_{12})\right]^{-\frac{1}{2}} \tag{2.25}$$

로 정의된다. 이 계에서는 $\xi \gg R_G$이고, 1/2승의 특이성을 가지고 발산하는 데에 주의하기 바란다. 또 이 ξ는 고각 광산란에서 스피노달 분해 초기과정을 관찰하였을 때에 나타나는 스피노달 링[12] 혹은 실공간 영상을 2차원 푸리에 변환하였을 때에 그 파워 스펙트럼에 나타나는 특징적 파장과 등가한 것이다.[13]

스피노달 분해에서는 이 특정한 파장의 흔들림이 선택적으로 성장하고 공간 구조는 거의 고정된 채로 시시각각 농도차가 커진다. 그 다이내믹스에 관해서는 Cahn-Hilliard 이론이라는 것이 유명한데, 그 상세는 전문서를 참고하기 바란다.[10] 스피노달 분해 후기 과정에 관해서도 최종 조성에 가까워짐에 따른 구조의 비대화 등 관측 사실을 설명하기 위한 이론적 접근이 여러 가지 존재한다. 하지만 아직은 통일적 견해를 얻지 못하고 있다고 보는 것이 맞는 것 같다.

(4) 마이크로 상분리

블록 공중합체와 그래프트 공중합체는 다른 종류의 고분자 사슬을 공유결합으로 연결한 고분자인데, 전술한 바와 같이 고분자 사슬 간

에 상용성이 미약한 경우에는 분자 오더에서 상분리하는 것으로 알려져 있다. 이 현상을 마이크로 상분리라고 한다. 그 상의 크기가 보통 10~30 nm 정도이기 때문에 제1장에서 설명한 바와 같이 마이크로 상분리는 폴리머 나노 알로이의 주체자이다.

마이크로 상분리의 형식은 A-B블록 공중합체에서 A블록의 양을 늘려감에 따라 그림 2-8에 모식적으로 보인 바와 같이 구상, 막대상, 라메라상으로 변화한다. 최근에 막대상 상, 라메라상의 중간 조성에서 공연속(共連續) 구조라고 하는 구조가 발견되어[15] 흥미를 자아내고 있다.

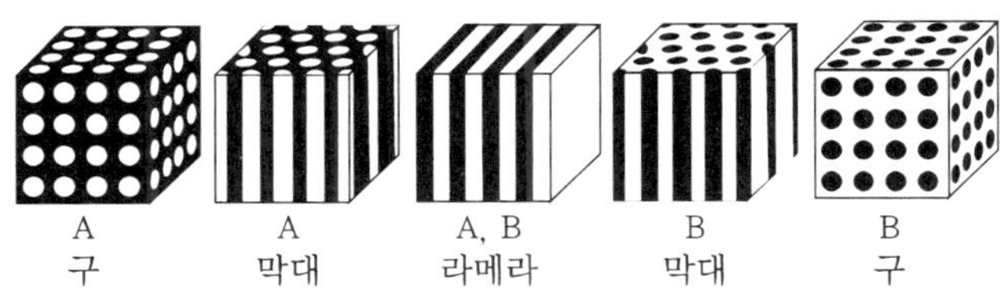

그림 2-8 **A-B 블록 공중합체의 마이크로 상분리 모식도**

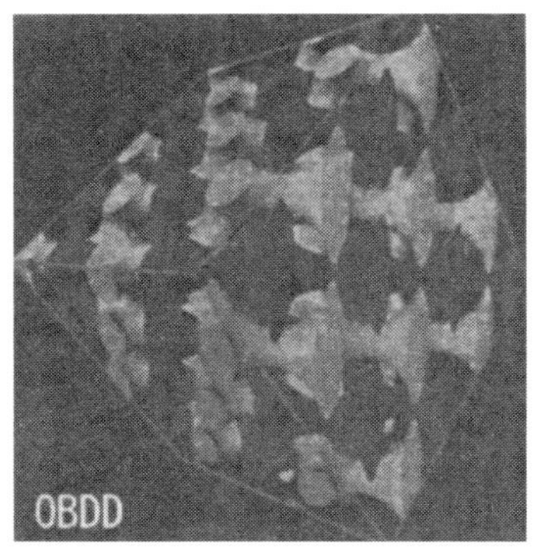

(a) OBDD　　　　　　　　　(b) OBDG

그림 2-9 **마이크로 상분리에서의 공연속 구조**
(교토공예섬유대학 신나이 조교수에 의함)

공연속 구조는 3차원 공간을 서로 연결한 2상으로 분활하여 그 계면을 최소로 한다는 문제와 등가이기 때문에 수학적인 관점에서도 흥미를 갖게 하는데, 실제 구조가 그림 2-9와 같이 테트라포트의 손 수가 4개인 OBDD (odered bicontinuous double diamond)인지, 3개인 OBDG (odered bicontinuous double guroid)인지에 관해서는 오랜 논쟁이 있었다.[16] 오늘날에 와서는 OBDG형이라고 결착이 되었지만 제4장에서 이 논쟁을 무의미하게 할 만큼의 직접적인 증거를 제시할 수 있는 실험적 방법에 대하여 설명하겠다.

마이크로 상분리의 임계현상에 관한 광산란 결과를 이해하기 위해서는 앞에서 설명한 폴리머 블랜드계의 논의를 다소 변경할 필요가 있다. 지금 A블록 (중합도 n_1)과 B블록 (중합도 n_2)을 합한 블록 공중합체 전체의 중합도를 $N = n_1 + n_2$로 하고, $\phi_i = n_i/N$으로 정의한다. 이때 여기서 정의한 ϕ_i는 한 고분자 안의 조성비가 되는데, 지금은 간단하게 하기 위해 분산을 고려하지 않았으므로 블랜드의 경우 체적분율과 마찬가지로 취급할 수 있다. 상세는 별도 설명에 미루기로 하고,[17] 같은 난잡위상근사를 써서 마이크로 상분리의 산란함수가 다음과 같이 기술할 수 있음이 알려져 있다 (간단하게 하기 위해 세그먼트 길이는 b를 공통으로 한다).

$$S^{-1}(q) = \frac{S_1 + S_2 + 2S_{12}}{S_1 S_2 - S_{12}^2} - 2x_{12} \tag{2.26}$$

$$S_{12}(q) = \frac{N}{2}\left\{ g_D(x) - \phi_1^2 g_D(x_1) - \phi_2^2 g_D(x_2) \right\} \tag{2.27}$$

$$x = q^2 R_G{}^2 = q^2 \frac{Nb^2}{6} \tag{2.28}$$

$$= q^2 \frac{n_1 b^2}{6} + q^2 \frac{n_2 b^2}{6} = q^2 R_1^2 + q^2 R_2^2 = x_1 + x_2$$

폴리머 블랜드의 경우는 흔들림의 상관거리 ξ는 $\xi \gg R_G$였으나 (2.26)식은 $qR_G \sim 1$로 극대를 갖는다. 즉 분자 사이즈 정도의 흔들림이 가장 일어나기 쉽다. 이것은 즉 블록 공중합체가 A–B결합을 가지고 있는 것에 기인하는 것인데, 블랜드계와는 좋은 대조를 이룬다. 또 같은 이유에서 마이크로 상분리에서는 상전이 때문에 블랜드계에 비하여 보다 큰 상호작용 파라미터를 필요로 하는 것도 알게 되었다.

컬럼   원자간 힘 현미경(AFM)의 위력

STM으로 측정할 수 있는 시료는 도전성을 갖는 것에 한정되는 결점이 있었다. 그래서 STM의 발명자이기도 한 IBM 취리히 연구소의 빗히가 중심이 되어 스탠포드대학과 공동으로 1986년 절연체 표면도 관찰할 수 있는 방법으로 원자간 힘 현미경(atomic force microscope : AFM)이 개발되었다.

AFM은 판스프링 앞에 붙은 탐침과 시료 사이에 가해지는 원자력 간 힘을 물리량으로 하여 시료 표면의 요철을 측정하는 현미경이다(그림 참조). 탐침과 시료 표면의 거리를 접근시키면 양자 사이에 원자력 간 힘에 의한 인력 혹은 척력(반발력)이 발생한다. 이 힘이 일정(±수 nN(나노 뉴튼)정도)가 되도록 탐침–시료 간의 거리를 자동 조정하면서 시료 표면을 따라 탐침을 주사하면 시료 표면의 요철상을 얻게 되는 것이다.

그러면 탐침–시료 간의 원자간 힘은 어떻게 검출되는 것일까? 그것은 레이저광을 사용하여 실현한다. 탐침–시료 간에 원자간 힘이 작용하면 판스프링에 휘는 힘이 발생한다. 즉 시료의 오목부분에서는 탐침 끝이 시료에 접근하고 볼록 부분에서는 탐침 끝이 시료에 눌려 반대로 휘어져 레이저 반사광의 위치가 엇갈린다. 그 미소한 엇갈림을 2분활 광검출기(photodiode)로 측정함으로써 스프링의 힘의 크기를 평가할 수 있다.

AFM은 Å 옹스트롬 오더의 분해능을 가지고 있으며 또 원자간 힘을 검지하여 실공간상을 얻으므로 터널 전류를 검지하는 STM과는 달리 시료와 탐침이 절연체라도 상관이 없다. 즉 STM으로는 측정할 수 없는 절연체 표면을 높은 분해능으로 확대할 수 있고, 절연체의 원자도 볼 수 있는 현미경이 AFM이다.

또 판스프링 재질 등의 개선으로 현재는 AFM을 사용하며 1 nN 이하의 약한 힘으로 원자적 분해능이 안정적으로 얻을 수 있게 되었다. 그 결과 STM에서는 시료표면의 도전성을 측정하는데 비하여 AFM은 시료 표면에 작용하는 힘이라는 다른 정보를 얻는 점도 특징이다. 최근에는 AFM을 사용하여 자기력과 정전기력, 흡착력 등을 측정하는 실험도 활발하게 진행되고 있다.

그림은 GaAs(갈륨비소) 단결정 전극 표면의 AFM상이다. 원자간 거리 0.4 nm 로 원자 하나하나를 식별할 수 있다.

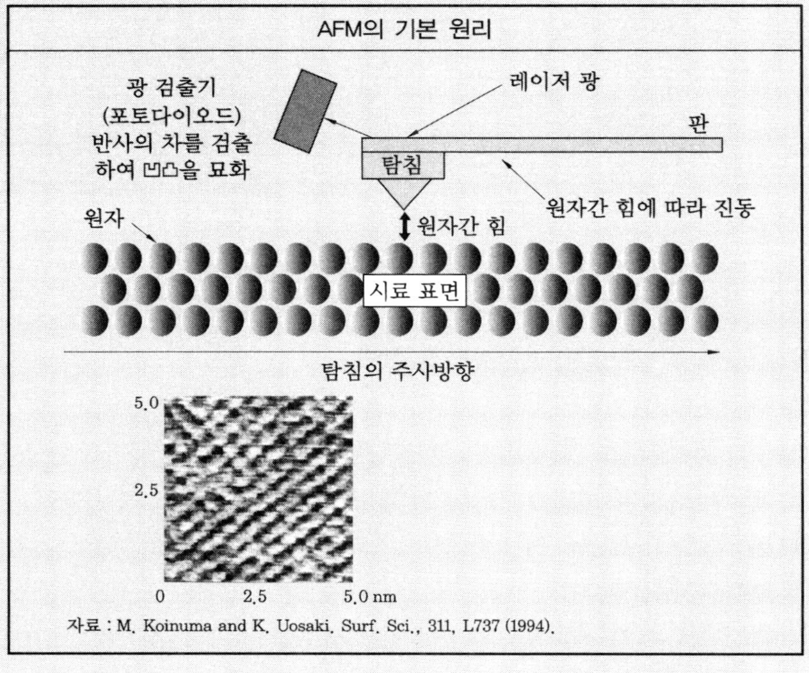

2·3 계면의 이론

(1) 폴리머 나노 알로이의 계면

폴리머 블랜드, 폴리머 알로이의 계면에 관한 연구는 그 상용성, 상분리와 함께 중요하다. 후술하는 이론적 예측에 의해서 일반적으로 계면의 두께는 나노 스케일이란 것이 알려져 있으므로 나노 스케일 구조체의 경우에는 물성에 계면 효과가 크게 기여하는 것이 예상된다. 하지만 이 계면 정보를 얻는 수단이 이제까지는 별로 없었기 때문에 계면에 대한 실험적 연구도 별로 진전을 보지 못했던 것이 사실이다.

X선 광전자 분석법 (특히 ESCA)과 2차 이온 질량 분석법 (SIMS), 펄스법 NMR 등의 분광학적 기법이 계면 정보를 취득하기 위한 좋은 도구가 될 수 있다는 것은 어느 정도 알게 되었지만, 이 방법들은 나노 스케일의 공간 매핑이 불가능하며, 나노 스케일 구조체에서 볼 때 매우 광범위하여 평균화한 데이터밖에 얻지 못한다.

한편 제4장에서 소개하는 원소 식별형 3차원 전자 현미경과 원자간 힘 현미경 (AFM)은 계면의 구조·조성 및 역학적 성질까지 충분한 공간적 분해능으로 검출할 수도 있을지 모르는 장치이므로 앞으로 그 전개에 기대하는 바가 크다.

여기서는 앞으로 획득할 수 있을지 모르는 실험적 데이터를 올바르게 해석하기 위한 실마리가 될 만한 몇 가지 이론을 소개하겠다. 또 확산율속인 상용계에 관한 이론은 여기서는 생략하므로 다른 참고서를 활용하기 바란다.[18]

비상용 폴리머 블랜드의 계면에서는 서로 다른 고분자 사슬끼리 혼합하여 혼합 엔트로피를 증대시키려고 하는 효과와, 상이한 분자 사슬끼리 반발하는 효과가 경합하여 어느 일정한 두께의 계면이 생성하게 된다. 계산의 기본은 벌크의 그것과 마찬가지로 폴리머의 비틀걸음 문제를 계면이라는 경계 조건에 가하면서 평균장 근사(mean field theory)로 풀게 된다. Helfand 등에 의하면 폴리머 1, 2 간의 계면층 두께 a는 (2.29)식으로 주어진다.[19]

$$a = 2\left(\frac{\beta_1^2 + \beta_2^2}{2\alpha}\right)^{\frac{1}{2}} \tag{2.29}$$

여기서,

$$\alpha = \frac{1}{kT}(\delta_1 - \delta_2)^2 = \frac{x_{12}}{V_r} \tag{2.30}$$

$$\beta_i^2 = \frac{1}{6}\rho_i b_i^2 \tag{2.31}$$

이다.

ρ_i는 폴리머 i의 밀도(폴리머의 질량 밀도를 모노머의 분자량으로 나누고, 모노머 수 밀도로 한 것), b_i는 폴리머 i의 세그먼트 길이로, 폴리머 i의 중합도 n_i, 2승 평균 두 발단 간 거리 (R^2)에 대하여

$$n_i b_i^2 = \langle R^2 \rangle \tag{2.32}$$

의 관계를 부여하는 것이다. 또 α는 상호작용 파라미터 x_{12}와 관련하여 양 폴리머의 용해도 파라미터 δ_1, δ_2와 (2.30)식으로 결합되어 있다. V_r는 단위 세그먼트의 몰체적이다.

계면장력도 마찬가지로 계산되고 있으며

$$\gamma = \frac{2}{3}kT\alpha^{\frac{1}{2}}\left(\frac{\beta_1^3 - \beta_2^3}{\beta_1^2 - \beta_2^2}\right) \tag{2.33}$$

이다. 특히 $b_1 = b_2 = b$이고, 또한 $\rho_1 = \rho_2 = \rho_0$라고 가정하면, 식은 간소화되어

$$a = \frac{2b}{\sqrt{6x_{12}}} \tag{2.34}$$

$$\gamma = \left(\frac{x_{12}}{6}\right)^{\frac{1}{2}} b\,\rho_0\,kT \tag{2.35}$$

로 된다. 여기서 이 간소화를 위해 $V_r = \rho_0^{-1}$로 되어 있는 사실에 주의하기 바란다. 또 계면을 원점으로 하였을 때의 계면에서 x 거리의 폴리머 1, 2의 밀도 분포도 계산되어

$$\frac{\rho_1(x)}{\rho_0} = \frac{1}{1 + \exp\left(-\dfrac{2\sqrt{6x_{12}}x}{b}\right)} \tag{2.36}$$

$$\frac{\rho_2(x)}{\rho_0} = \frac{1}{1 + \exp\left(\dfrac{2\sqrt{6x_{12}}x}{b}\right)} \tag{2.37}$$

로 된다. 참고로 PS/폴리메틸 메타크릴레이트 (PMMA)계에 대하여 고찰해 보면[20] $T = 140\,^{\circ}\mathrm{C}$에서 용해도 파라미터는 각각 $\delta_{PS} = 9.0\,\mathrm{cal}^{1/2}/\mathrm{cm}^{3/2}$, $\delta_{PMMA} = 9.0\,\mathrm{cal}^{1/2}/\mathrm{cm}^{3/2}$, 세그먼트 길이는 $b_{PS} = 0.66\,\mathrm{nm}$, $b_{PMMA} = 0.64\,\mathrm{nm}$의 평균값을 취하여 $b = 0.65\,\mathrm{nm}$, 또 수밀도도 $\rho_{PS} = 0.0102\,\mathrm{mol/cm}^3$와 $\rho_{PMMA} = 0.0116\,\mathrm{mol/cm}^3$의 평균값으로 근사하도록 하여 $\rho_0 = 0.0109\,\mathrm{mol/cm}^3$으로 하면 (2.30)식에 의해서 $x_{12} = 1.1 \times 10^{-3}$이 되고 이것을 (2.34), (2.35)식에 대입하여

$$a = 16\,\mathrm{nm}, \quad \gamma = 0.3\,\mathrm{dyn/cm} = 0.3 \times 10^{-3}\,\mathrm{N/m}$$

를 얻는다. 또 이 계의 경우는 x_{12}가 실측되어서 $x_{12} = 1.0 \times 10^{-2}$이므로 이것을 대입하여

$$a = 5.3\,\mathrm{nm}, \quad \gamma = 1.0\,\mathrm{dyn/cm} = 1.0 \times 10^{-3}\,\mathrm{N/m}$$

로 되고, 이것은 Wu 등이 실험적으로 구한 계면장력 $\gamma = 1.7\,\mathrm{dyn/cm}$ 의 값[21]과 상당히 좋은 일치를 나타낸다.

끝으로 그림 2-10에 상기 숫자를 (2.36), (2.37)식에 대입한 것을 보기로 든다.

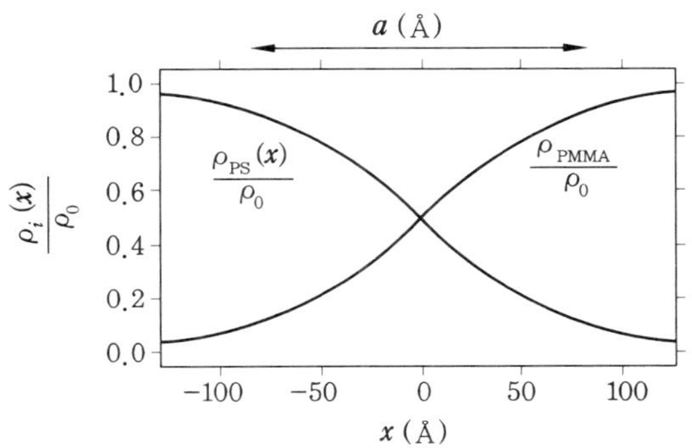

그림 2-10 **PS/PMMA의 40℃에서의 계면층 밀도 프로파일**

또 위의 논의는 앞에서 설명한 Flory-Huggins형의 격자모델에 대하여 계산하거나[22] 혹은 농도 불균일계를 기술하는 데 많이 이용되는 Cahn-Hilliard 이론을 출발점으로 하여도[23] 수계수를 제외하고는 같은 결과를 준다. 또 마이크로 상분리 구조의 계면층에 관해서도 같은 이론이 적용 가능하다는 것을 부기하고자 한다. 마이크로 상분리 구조의 계면 두께를 앞에 기술한 AFM로 유효하게 구하는 방법에 대해서도 흥미로운 제안이 제기된 바 있다. 필히 문헌을 일독하기 바란다.[24]

(2) 계면을 통한 확산, 분배, 반응

상술한 바와 같이 상분리한 폴리머 블랜드 혹은 블록 공중합체의 마이크로 상분리 구조의 계면은 매우 얇다. 일반적으로 폴리머 블랜드는 폴리머만을 블랜드하는 것이 아니라, 다른 기능을 부가하기 위해 가소제, 가교제, 안정화제 등을 첨가하는 경우가 많다. 후술하는 나노 콤퍼짓계의 경우도 마찬가지이다. 첨가제는 계면을 통하여 확산, 분배되고 경우에 따라서는 화학반응을 일으키는 매우 복잡한 양상을 나타내게 된다.

예를 들면, 고무 블랜드계의 계면에서, 한쪽 고무에 가교제를 첨가하고 다른 한쪽 고무와 블랜드하는 경우를 가상해 본다.[18] 이 경우 가교제의 용해도 S가 두 고무에서 일반적으로는 다르기 때문에 계면 부근에서 가교제 농도는 불연속이 될 것이다. 특히 가교온도 부근에서의 가교제 농도는 불연속이 될 것이며 이 불균일성은 큰 문제이다.

고무 속에서 가교제의 확산 상수는 가교온도 부근에서 보통 약 $10^{-7}\,\mathrm{cm^2/s}$ 정도이므로 폴리머의 확산 상수에 비하면 10^6배나 빠르다. 따라서 그 평균 확산 거리는

$$\overline{x} \cong \sqrt{Dt} \qquad\qquad (2.38)$$

로 주어지며 t=10 s, 1000 s에서 각각 10 μm, 100 μm이 된다. 보통 블랜드계에서 분산상의 크기가 5~10 μm인 것을 고려하면 일반적인 가황 반응 시간에 비하여 충분히 빠른 시간에 가교제는 각 상으로 분산되는 것을 알 수 있다. 이와 같은 해석은 현실적으로는 가교제를 사용한 계면강화, 접착 등의 경우에 응용이 가능하지만 실제로는 2상의 용해도 비로 정의되거나 각 상에서 반응 속도를 조정함으로써 제어를 하게 된다.

(3) 콤퍼짓의 계면[25]

제1장에서 기술한 바와 같이 고분자 나노재료에서 중요한 역할을 하는 나노소재는 일반적으로 고분자가 아니다. 그러므로 이와 같은 나노소재와 고분자의 계면 제어가 중요한 문제가 된다. 역사가 오랜

고무/카본블랙 복합계 등의 경우는 매우 많은 지식이 축적되어 있지만 그 밖의 나노재료와의 계면 연구는 이제 막 시작하였다고 하여도 과언이 아닐 정도이다.

하지만 전술한 폴리머끼리의 계면과 마찬가지로 폴리머와 다른 물질과의 계면도 나노 스케일(혹은 그 이하 스케일)인 경우가 많기 때문에, 고분자 나노재료의 물성 발현에서는 나노소재 그 자체보다는 계면의 물성이 큰 기여를 하게 된다는 것은 충분히 짐작할 수 있다. 특히 그 역학적 물성에 관해서는 접착성, 응착성 문제까지 포함하여 계면 구조가 어떻게 되어 있느냐에 따라 모든 것이 결정된다고 하여도 지나친 표현은 아니다. 여기서는 폴리머와 다른 물질의 계면을 깊이 이해하기 위한 기초를 기술하도록 하겠다.

폴리머와 충전제 계면의 모델화는 먼저 충전제 표면이 평면이라고 가정하는 것으로부터 시작한다. 또 폴리머의 경우도 가장 단순한 구조로 간주하여, 희박한 폴리머 용액 속의 한 가닥 사슬이 그 평면에 흡착한다는 문제로 귀착시키기로 한다. 즉 분자 사슬을 형성하고 있는 세그먼트와 표면의 상호작용 및 표면의 영향 아래서 마이크로 브라운 운동을 하는 분자 사슬의 통계를 논의하게 된다. 이때 분자 사슬의 어떤 부분은 표면과 강하게 상호작용하는 결과 표면에 흡착하게 되고, 다른 한편 자유롭게 움직이는 부분도 있을 것이다. 그러면 그림 2-11에 모식적으로 보인 루프·드레인·테일의 형태가 플렉시블한 폴리머 흡착을 다루기 위해 가장 적절한 모델이 된다.

지금 폴리머 한 가닥 사슬이 계면(벽)에 의해서 그 점유공간이 제약을 받았다고 하자. 이때 벽의 반대쪽에는 세그먼트가 배치되지 않으므로 랜덤 코일상태에 비하여 그 배좌 엔트로피는 감소하게 된다. 따라서 한 가닥 사슬의 흡착이 자발적으로 발생하기 위해서는 계의 기브스 자유 에너지 중에서 엔탈피항이 마이너스로 되는 것, 즉 흡착이 발열반응이 되는 것이 필수적이다. 상호작용 파라미터라는 말로 고쳐 말하면 폴리머 세그먼트와 용매의 상호작용 파라미터 x보다는 표면과의 상호작용 파라미터 x_s 가 커지고, 보다 강한 상호작용 때문에 세그먼트가 용매 분자를 대치하여 벽에 흡착되지 않으면 안 된다.

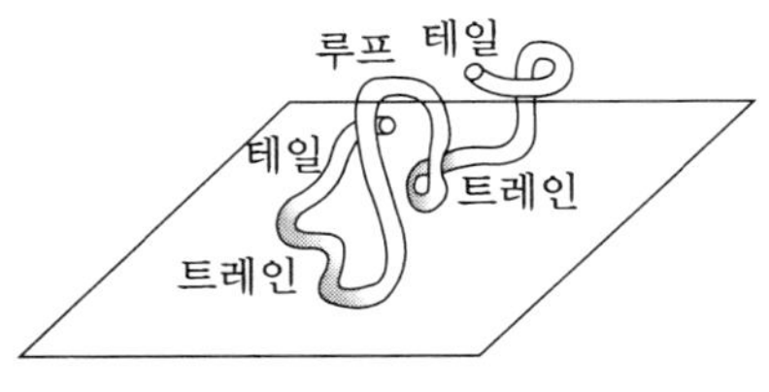

그림 2-11 　 폴리머의 흡착 형태 모델

그런데 저분자와 고분자 흡착거동의 현저한 차이를 이해하는 것은 매우 중요하다. 저분자와 고분자 가릴 것 없이 흡착거동이 흡착에 의한 엔트로피의 감소와 흡착 에너지의 밸런스로 결정되는 데에는 변함이 없다. 하지만 저분자의 경우 엔트로피의 감소는 이 저분자의 몰분율을 x 로 하면 $kT \ln x$ 정도이고, 흡착 에너지가 kT 정도로 하면 $x > 1/e$ 때 흡착이 일어난다. 이에 대하여 고분자의 경우는 모든 세그먼트 n 중에서 몇 개 세그먼트가 흡착되어 있으면 되므로, 시간을 평균하여 fn 개의 세그먼트가 흡착에 관여하고 있으면 흡착 에너지가 $fnkT$ 로 되어 $x > (1/e)^{fn}$ 에서 흡착이 일어나게 된다. 즉 매우 낮은 농도에서 흡착이 일어난다. 또 이것은 흡착등온선을 측정함으로써 확인할 수 있다.

루프 · 트레인 · 테일 모델은 이제까지와 마찬가지로 Flory Huggins 이론을 바탕으로 여러 가지 이론이 구축되어 있다.[25] 특히 Scheutjens 와 Fleer 등에 의해서 제안된 방법[26]으로는 계면에서 거리 x 에 대한 폴리머 사슬의 체적분율 $\phi(z)$ 뿐만 아니라 루프 · 트레인 · 테일의 체적분율 분포 및 길이의 분포도 구할 수 있다. 예를 들면 중합도가 1000인 폴리머에 대하여 $x = 0.5$, $x_s = 1$ 일 때 루프 · 트레인 · 테일 각 부분의 평균 사이즈는 각각 약 8개, 4개, 50개로 되어 있다.

금속 기판상의 고분자 흡착층 두께 t는 에리프소 메트리나 표면 플라스몬(plasmon) 측정으로 실제로 측정할 수 있으므로 이론이 상충되기 쉬운 양이다. 표면 간 힘 측정 장치(SFA)나 원자간 힘 현미경(AFM)을 사용한 예도 예컨대 표면 그래프트 사슬 등에 대해서는 보고가 있지만[27,28] 아직 표준적인 방법이라 간주할 만한 상태는 아니다.

두께 t에는 분자량 의존성이 있어 흥미롭다. 이 분자량 의존성을 재현한 de Gennes의 간단한 스케일링 법칙을 소개하겠다.[29]

계면장력은 다음과 같이 크게 두 기여로 나눌 수 있다.

$$\gamma = \gamma_d(\phi_s) + I(\phi_s, \ \phi_b) \tag{2.39}$$

여기서 ϕ_s와 ϕ_b는 각각 벽과 직접 접촉하고 있는 폴리머 체적분율 및 벌크의 체적분율이다. ϕ_s는 $\phi(z)$의 $z=0$에 대한 외삽값이고, 격자 사이즈 a의 격자 모형에서의 $z=a$의 값 $\phi(a)$와는 $\phi(a)=(l/2)\phi_s$로 이어지는 것이다 (l는 트레인의 길이). $\gamma_d(\phi_s)$는 제1층에서의 단거리 상호작용, $I(\phi_s, \ \phi_b)$는 보다 긴 스케일에서의 $\phi(z)$에 영향을 주지만 반데르발스(Van der Waals)의 인력과 같은 장거리 상호작용은 별로 중요하지 않다는 것을 알게 되었다. de Gennes에 의한 정식화(定式化)에서는 $\gamma_d(\phi_s)$를

$$\gamma_d(\phi_s) = \gamma_0 + \gamma_1 \phi_s \tag{2.40}$$

로 쓴다. ϕ_s^2에 비례하는 고차항은 제1층 내의 세그먼트 간의 상호작용과 관련되어 있으며, 여기서 고려하고자 하는 $\phi_s \ll 1$의 상황에서는 무시할 수 있다. 이 상황은 척력적인 벽($\gamma_1 > 0$)으로 쉽게 실현할 수 있고, 인력적인 벽($\gamma_1 < 0$)의 경우에도

$$|\gamma_1| < kTa^{-2} \tag{2.41}$$

의 약한 커플링 극한에서는 실현 가능하다. 또 단위 면적당의 계면 에너지가 열 에너지보다 작은 상황에서도 강한 흡착이 실현 가능하다는 것은 앞서 기술한 고분자의 특징이다. 즉 전 세그먼트 n 중에서 fn개의 세그먼트가 흡착되어 있으면 흡착 에너지는

$$fn|\gamma_1|a^2 > kT \tag{2.42}$$

로 된다.

다음으로 다수 항의 $\phi(z)$에 대하여 고찰하기 전에 준비로서 인력적인 벽에 흡착하려고 하는 양용매 중의 한 가닥 사슬에 대하여 고찰하겠다. 사슬은 벽에 약간 붙어 있을 뿐 루프 부분은 벽에서 평균거리 D 정도까지 확산되어 있다고 친다. 이때 사슬 한 가닥당의 자유 에너지는 다음 식과 같이 된다.

$$F \cong kT\left(\frac{R_F}{D}\right)^{\frac{5}{3}} - fn|\gamma_1|a^2 \tag{2.43}$$

제1항은 안에 가두어짐에 따른 엔트로피의 감소에 관련되는 항이고, 그 주요 부분은 n의 1차 함수가 된다고 생각하기 때문에 Flory 반지름 $R_F \cong n^{3/5}a$에 대하여 이 식처럼 스케일 된다. 사슬은 두께 D에 걸쳐져 펼쳐있기 때문에

$$f \cong \frac{a}{D} \tag{2.44}$$

처럼 스케일될 것이므로 (2.44)식을 (2.43)식에 대입하여 (2.43)식을 D에 대해 최소로 하면

$$f \cong \frac{a}{D} \cong \left(\frac{|\gamma_1|a^2}{kT}\right)^{\frac{3}{2}} \tag{2.45}$$

을 얻는다. 즉

$$D \cong a^{-2}\left(\frac{|\gamma_1|}{kT}\right)^{-\frac{3}{2}}$$ (2.46)

이 된다. $z \sim a < D$ 영역에서는 이처럼 세그먼트와 벽 사이의 단거리 상호작용만이 중요한 기여를 한다.

마지막으로 준희박 용액에 대하여 고찰하자. 이때 잘 알려진 스켈링 법칙에 의해 중합된 문턱값 $\phi^* \cong n^{-4/5}$보다 짙은 체적분율 ϕ_b에서는 Flory 반지름 R_F보다는 상관거리 ξ_b가 중요하다. ξ_b는 엉켜붙은 사슬로 이루어지는 그물눈의 눈 크기로 $\xi_b < R_F$이고, 이것보다 작은 부분에서 사슬은 Flory 사슬적으로 거동하지만 큰 척도에서는 이상(理想) 상태에 있다(브로브 개념). ξ_b의 체적분율 의존성은 $\phi_b > \phi^*$이고, ξ_b가 n에는 의존하지 않고 $\phi_b \sim \phi^*$에서 $\xi_b \sim R_F$로 되는 두 가지 요청에 따라

$$\xi_b(\phi_b) \cong a\phi_b^{-\frac{3}{4}} = ag^{\frac{3}{5}}\left(g \cong \phi_b^{-\frac{5}{4}}\right)$$ (2.47)

로 된다. g는 브로브당 세그먼트의 수이다. 또 이때 사슬의 크기는

$$R^2(\phi_b) \cong \frac{n}{g}\xi_b^2 \cong na^2\phi_b^{-\frac{1}{4}}$$ (2.48)

로 된다.

$z > \xi_b$에서 $\phi(z)$의 프로파일은 단지 벌크값에 점차 근접할 뿐이므로 간단하게

$$\frac{\phi(z)-\phi_b}{\phi_b} \sim \exp\left(-\frac{z}{\xi_b}\right)$$ (2.49)

로 적을 수 있다. 흥미로운 점은 $D < z < \xi_b$에서 $\phi(z)$의 프로파일이

다. 이 프로파일은 매우 유니버셜한 것으로 ϕ_b 에도 의존하지 않게 된다. (2.47)식은 지금이야말로 벽의 존재 때문에 z 의존성을 갖게 되는 셈인데, ϕ_b 를 $\phi(z)$ 로 대치하여 $\xi(\phi) \cong a\phi^{-3/4}$ 으로 할 필요가 있다. 그러나 그 영역에서 $\xi(\phi)$ 의 스케일칙을 생각하기 때문에 나타나는 길이의 차원을 가진 물리량은 z 그 자체밖에 없고, 결국 $\xi[\phi(z)] \cong z$ 로 할 수밖에 없다. 즉 그물코 사이즈는 z 와 마찬가지로 스케일하는 자기 상사성을 가지게 된다. 위의 논의로부터 $\phi(z) = (a/z)^{4/3}$ 를 얻는다. $z \sim a < D$ 영역과의 접속을 취하기 위해

$$\left| \frac{1}{\phi} \frac{d\phi}{dz} \right|_{z \to 0} = \frac{1}{D} \tag{2.50}$$

이라는 경계 조건을 부과하면 결국

$$\phi(z) \sim \left(\frac{a}{z + \dfrac{3}{4}D} \right)^{\frac{4}{3}} \tag{2.51}$$

가 최종적인 형태로 얻어진다. 이로 인해

$$\phi_s = \phi(z=0) \cong \left(\frac{a}{D} \right)^{\frac{4}{3}} \tag{2.52}$$

도 얻는다. 실험적으로 얻어지는 흡착층의 두께 t 는

$$t \sim \int_0^{R_F} z\phi(z)dz \sim R_F^{\frac{2}{3}} \sim n^{\frac{2}{5}} \tag{2.53}$$

로 주어지고, 분자량 의존성 지수가 2/5인 것을 알 수 있다. 이것은 에리프소미터로 측정한 0.4와 놀라울 만큼 일치하고 있다.

위에서 보아온 바와 같이 평면상의 고체 표면과 흡착 고분자 사슬의 상호작용에 관한 연구는 이것을 출발점으로 하는 다양한 응용 과

제의 해결을 위해 좋은 기초가 되고 있다. 두께 t 이외에도 고분자 사슬의 모든 세그먼트 중 흡착되어 있는 세그먼트 비율 f와 표면의 흡착 활성점 중에서 실제로 흡착 세그먼트와 상호작용하고 있는 비율 (표면 피복률) θ 등은 IR 스펙트럼으로부터 구할 수 있다.[30] 전자는 NMR이나 ESR 등의 공명법을 이용할 수도 있다. 여기서는 흡착 형태로서의 루프·트레인·테일 모델만을 다루었지만 실제로는 이밖에 한쪽 말단 흡착, 1점 흡착, 2차원 흡착, 그래프트 공중합체의 흡착, A–B블록 공중합의 흡착 등이 있으며 척력적인 벽과의 상호작용도 고려하지 않으면 안 되는 경우도 있다.

칼 럼 **투과형 전자 현미경 (TEM)의 원리**

고전압으로 가속된 전자는 빛보다 훨씬 짧은 파장을 갖는 파동이라 생각되어 축대칭 자기장(또는 전기장)으로 쉽게 집속할 수 있다. 그래서 광학 현미경의 빛을 전자로 대체한 투과형 전자 현미경(transmission electron microscope : TEM)이 1932년 독일의 크놀(M. Knoll)과 루스카(E. Ruska)에 의해서 완성되었다.

광원부인 전자총에서 발생한 전자선은 콘덴서 렌즈(전자 렌즈)에 의해서 조사 강도와 조사(照射) 면적이 조정되어 시료에 조사된다. 시료를 투과한 전자선은 대물 렌즈에 의해 확대·결상된다. 대물 렌즈에 의해서 형성된 상을 투사 렌즈로 더욱 확대하여 형광판상에 투영하여 관찰한다. 형광판 밑에는 카메라실이 마련되어 있어, 거기서 사진 촬영하여 상을 기록할 수 있도록 되어 있다. 또 전자는 물질과의 상호작용이 강하기 때문에 거울체 안은 진공 배기장치에 의해서 늘 공진공으로 유지되고 있다.

전자선원에는 몇 가지 종류가 있으며, 일반적인 것에서는 텅스텐 필라멘트에 전류를 흘려 전자를 발생시키는 텅스텐 헤아핀형이, 고분해능형에서는 실리콘칩에 전계를 가해 전자를 발생시키는 전계 조사형(fild emission)이 사용되고 있다.

TEM에 의한 관찰 때는 시료를 전자선이 투과할 수 있도록 박편화(관찰부에서 두께 100 nm 이하)할 필요가 있다. 그러기 위한 기법으로 초박절편법과 이온밀링법 등이 사용되고 있다.

TEM에서는 전자선이 시료 내부를 투과하기 때문에 시료 내부의 격자결함을 직접 관찰할 수 있다. 또 회절 패턴을 해석함으로써 원자 배열의 주기성과 결정의 방향(방위)을 알 수 있다. 최근에는 TEM의 분해능이 0.2 nm를 넘어 원자와 분자의 배열을 직접 관찰할 수 있는 수준까지 도달했다.

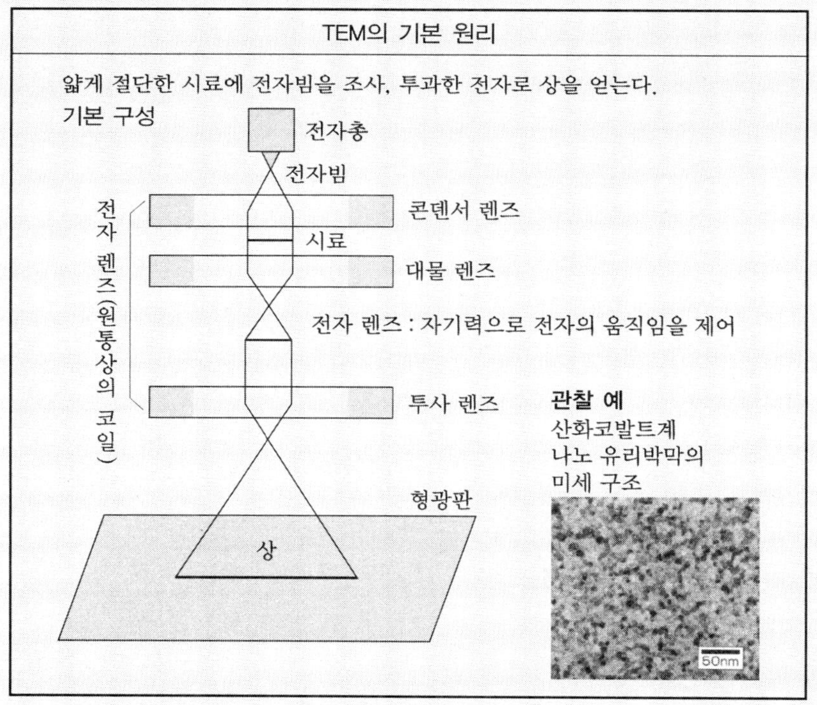

TEM에 의한 관찰 예로, 산화코발트를 사용한 나노 유리계 박막의 TEM상을 보여 주고 있다. 50 nm 스케일 내에서 얼룩 모양의 나노 구조를 관찰할 수 있다.

(4) 계산기 시뮬레이션

제1장에서도 언급한 OCTA (open computation tool for advanced material technology) 중에서 나노영역을 커버할 수 있는 시뮬레이션으로 조시화(租視化) 분자동력학법[31] 및 자기무당착장 (self consistent field : SCF)법[32]이 있다. 이론의 상세는 참고문헌을 참고하기 바라며, 이들 방법이 폴리머 나노 알로이나 나노 콤퍼짓의 계면 연구에 매우 유용하다는 것이 밝혀졌다.[33]

예를 들면, SCF 법을 사용하여 (1)항에서 설명한 비상용계 폴리머 블랜드의 계면 모습을 재현할 수 있고, 또 거기에 블록 코폴리머를 계면활성제로 첨가한 경우의 계면에 대한 블록 코폴리머의 편석 모습도 시뮬레이션할 수 있다.[34] 이 경우 실험적으로 구할 수 있는 계면장력도 계산으로 구할 수 있으며 실험적으로는 구하기 어려운 단말의 분포도 역시 시뮬레이션을 통해서라면 구할 수 있다.

계면에서는 서로 다른 폴리머 상호의 반발로 엔탈피 상승이 발생한다. 그래서 계면 에너지를 감소시키기 위해 엔트로피를 가득할 필요가 있는데, 폴리머 말탄 부분은 움직이기 쉽게 하기 위한 배치의 수가 많은 결과 엔트로피가 놓은 부분으로 되어 계면에 우선적으로 모여들게 된다. 이것을 시뮬레이션은 정확하게 재현할 수 있다.

이밖에 블록 코폴리머의 계면이나 (3)항에서 다룬 루프 · 트레인 · 테일 모델에 관한 시뮬레이션 등 구조에 관한 시뮬레이션은 일진월취의 기세로 보고가 늘어나고 있다. 또 물성해석 도구로서도 발전 가능성이 엿보이며, 예를 들면 계면 박리강도와 인장강도 등의 계산도 가능하다고 한다는데 금후의 전개에 기대가 크다.

계산기 시뮬레이션은 눈에 보이지 않는 현상을 애니메이션적으로 표시하는 것이지만 이것도 고전적 이론의 경우와 마찬가지로 주의하여야 하는 함정이 있다. 그것은 바로 이론의 적용범위와 한계를 모르면서 이용하는 것이다. 어떠한 이론이나 시뮬레이션도 한정된 상황에 관하여 설명을 가하는 것일 뿐, 그 이외의 상황에 관해서는 책임이 없다. 잘못된 전제는 잘못된 결과를 낳기 마련이다. 이론 · 시뮬레이션과 실험의 상호작용은 특히 나노 스케일에서는 이제 시작된 것이나 다름없으므로 이것을 마음에 새겨둘 필요가 있다.

2·4 고분자 나노재료의 사례

이 장에서는 수많은 '고분자 나노재료' 중에서 몇 가지 사례를 토픽적으로 발췌하여 앞절까지 설명한 사실들과의 관련성을 음미하면서 기술하도록 하겠다.

(1) 열가소성 엘라스토머[35]

2 · 3 (3)항에서 다룬 블록 코폴리머 중에서 트리블록 코폴리머 (ABA형)는 열가소성 엘라스토머(thermo-plastic elastomer : TPE), 즉 고무 탄성을 나타내면서도 가열하면 플라스틱으로서의 성질이 나타나는 재료로써, 이미 실용 단계에 들어선 희귀한 예이다. 플라스틱으로서의 성질 관계로 그 성형 가공성은 종래의 가교 고무에 비하여 현저하게 좋다.

대표적인 TPE로는 폴리(스티렌-b-부타디엔-b-스티렌 : SBS)가 있는데 스티렌 부분(하드 세그먼트)은 GPa 오더의 탄성률을 가지며 실온에서 가스상태에 있지만, 부타디엔 부분(소프트 세그먼트)은 MPa 오더의 탄성률을 가지고 그 분자 사슬은 매우 활발한 운동을 하고 있다. 따라서 SBS가 그림 2-12와 같이 마이크로 상분리 구조를 형성한 경우 스티렌 도메인이 물성 가교로 작용하여 두 도메인을 브리지하는 부타디엔 부분에 의해서 고무 탄성이 실현된다. 물론 그림과 같이 하나의 도메인에 다른 단의 스티렌 부분이 되돌아오는 루프 사슬도 존재하는 셈인데, 브리지 사슬과 루프 사슬의 존재 비율에 따라 전체

점탄성 거동이 결정된다.

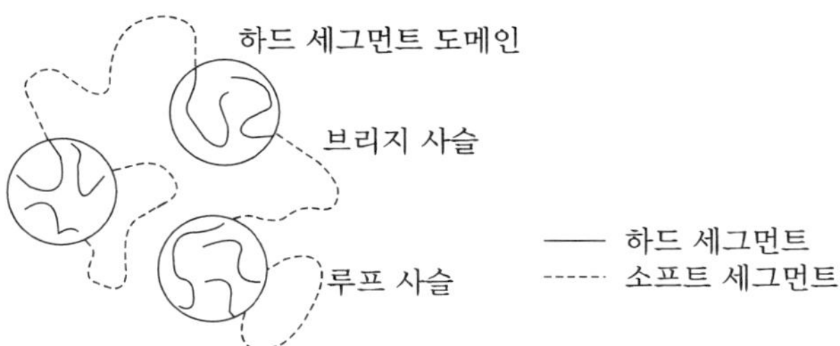

그림 2–12 **트리블록 코폴리머의 마이크로 상분리 구조**

흥미롭게도 TPE의 역학물성은 그 임계 구조의 제어에 의해서 변화시킬 수 있다. 부타디엔 부분을 물 첨가한 SEBS에서는 각 세그먼트의 용해도 파라미터 차가 커져 (2.30)식에 의해 x_{12}가 커진다. 결과적으로 계면두께가 감소하고, 또한 계면장력이 커진다. 그 결과 재료로서의 기계강도, 탄성률이 높아진다. 고분자 나노재료에서 계면 효과의 중요성을 실증하는 좋은 예이다.

(2) 마이크로 상분리 구조의 나노 템플레이트에의 응용

지난 몇 해 사이 그림 2–8에 보인 바와 같은 마이크로 상분리 구조의 다양한 주기 구조를 주형으로 하여 특징적인 나노 구조를 형성하려고 하는 움직임이 활발하다. 마이크로 상분리 구조의 특징적인 스케일인 수십nm 사이즈는, 합성 화학적인 보텀업적 어프로치와 미세가공기술에 의한 톱다운적 어프로치의 협간에 있는 스케일이며 두 방법 모두 실현하기 어려운 미개척 영역으로 주목되고 있다.

예를 들면 그 특수한 나노 공간을 이용한 나노 필터, 인공 이온 채널 등에서부터 폴리머 나노 콤퍼짓 (유기–무기 하이브리드 재료라고도 한다)의 템플레이트로 하는 것까지 다종 · 다양한 아이디어가 제안되

었다.[36)]

　주제에서 약간 벗어나는 설명이지만, 고분자계 상분리 구조를 제어하기 위해 기판의 패터닝을 이용하는 방법이 최근 발명되었다.[37)] 금기판 위와 그 위에 저분자의 자기조직화 단분자막(self-assembled monolayer : SAM)이 있는 경우에는 고분자 박막의 상분리 구조 형태에 현저한 차이가 생긴다. 그래서 예를 들면 마이크로 콘택트 프린팅법이나 리소그래피의 테크닉으로 작성한 기판 패턴을 템플레이트하여 제어된 상분리 패턴을 유기할 수 있다. 현재로서는 템플레이트 자신이 수백nm 사이즈이기 때문에 상분리 패턴도 같은 정도의 사이즈인데 앞으로 전개가 기대되는 연구 사례이다.

(3) 카본 나노튜브(CNT) / 엘라스토머 복합재

　일반적으로 엘라스토머 보강에는 카본블랙이나 실리카 같은 0차원 나노입자계가 사용되는데, 1991년에 발견된 1차원 나노 소재인 멀티울 카본 나노튜브(MWCNT)는 그 높은 강도와 탄성률 때문에 우수한 충전제가 될 수 있다. 최근의 연구에 의하면 천연고무에 대한 동일 체적분율의 충전에 관하여 CNT 복합재가 나타낸 탄성률은 탄소섬유 복합재나 카본블랙 복합재에 비하여 단위가 다른 수치를 제시하고 있다.[38)]

　매우 흥미로운 사실은, 그것이 보강 효과와 관련하여 잘 알려진 경험칙이나 이론 등으로는 전혀 설명이 되지 않는 것으로서, 현재로서는 아직 그 상세가 밝혀지지 않았지만 나노 스케일 사이즈의 CNT 주위에 역시 나노 스케일의 계면 구조가 존재하고 있고, 그것이 이상(異常)한 물성 발현에 기여하고 있는지도 모른다. 나노 소재에서는 소재 자신의 사이즈와 계면 사이즈가 동등하게 된다. 계면의 효과가 더욱 중요한 이유가 여기에 있다.

(4) 폴리머 크레이 나노 콤퍼짓

층상 무기염인 점토광물 크레이 (motmorillonite : MMT)를 박리·분산시켜 나노 콤퍼짓을 작성하는 시도도 폭발적으로 증가하고 있다.

이 2차원 나노 소재의 차원성은 특히 중요하다. 크레이의 1층 사이즈는 예를 들면 두께가 약 1 nm, 폭이 약 100 nm로 애스팩트비 (aspect ratio)가 매우 높다. 열가소성 고분자 재료에 보통 강화제로 사용되는 단섬유, 예컨대 유리섬유와 비교하여 체적이 약 10^9분의 1이 된다. 따라서 동일한 체적분율로 분산시키면 10^9 배수의 층을 도입할 수 있고, 결과적으로 비표면적도 비약적으로 증가한다.

또 이 층구조는 2차원 반응장으로도 이용할 수 있으므로 유기·무기 하이브리드 재료로서의 알맞은 무대로도 된다. 크레이는 그 층간에서 암모늄 이온과의 결합 형성이 가능하며 이를 위해

① 층간 중합법
② 모노머 수식법
③ 공가황법
④ 공통 용매법
⑤ 폴리머 인터카레이트법

등 다양한 합성 기법이 확립되고 있다.[39] 상세는 다음 제3장에서 기술하겠다.

현재 다양한 크레이 콤퍼짓이 고안되어 그 물성 평가가 진행되고 있다. 특히 강도와 열적 성질이 떨어지는 생분해성 폴리머의 기능 향상을 노리는 예[40] 등이 있으며, 환경 문제와도 관련하여 흥미를 자아내게 한다.

(5) 환동 겔[41]

최후의 예는 나노 스케일 구조가 이제까지의 상식을 뛰어 넘을 정

도의 현상을 탄생시킨 기발한 사례이다. 이제까지의 겔을 대별하면 물리 겔과 화학 겔 둘로 나눌 수 있다. 전자는 고분자 사슬 간에 작용하는 상호작용, 예를 들면 수소결합이나 소수성 상호작용 등에 의해서 형성되는 미결정이 다리걸침점이 되어 네트워크를 형성한 것으로, 다리걸침점은 영구적인 것은 아니다. 시료 조정이 비교적 용이한 장점도 있지만 오랜 시간이 지나면 수축·결정화하는 결점도 있다.

후자는 고분자 사슬 사이를 공유결합으로 반영구적으로 결합함으로써 다리걸침으로 하는 것인데, 그 안정성으로 보아 공업적 가치가 크다. 그러나 가교반응의 불균일성으로 인하여 구조 불균일성이 발생하는 등 기계강도면에서 문제도 있었다.

환동 겔에서는 환상 저분자 화합물인 시클로덱스트린(cyclodextrin : CD)이 선상 고분자를 포섭하는 현상을 효과적으로 이용한다. CD는 선상 고분자 위를 자유롭게 '미끄러질' 수 있으므로 CD 상호를 가교하여 '8자 가교'를 형성하면 다음 장의 그림 3-3에 보인 바와 같은 '도르래 효과'로 양질의 신장 특성을 나타내게 된다.

실제로 환동 겔은 건조 중량의 약 8000배로 팽윤할 수 있다. 신장도도 20배로 크고, 투명성·균일성도 우수하다. 현재 기초와 응용의 두 측면에서 환동 겔에 관한 연구는 이어지고 있으며, 나노 스케일의 구조·물성 제어가 마이크로에 영향을 미치는 진정한 의미의 고분자 나노테크놀러지의 참뜻이 여기에 있다.

보충 격자 모형

N개의 격자에 n_1개의 백옥(용매 분자), n_2개의 흑옥(용질 분자, 단 폴리머는 아니다)을 배치하는 경우의 수는 ($N = n_1 + n_2$)

$$W = \frac{(n_1 + n_2)!}{n_1! \, n_2!}$$

이다. Stirling의 공식 $\ln n! = n \ln n - n$을 사용하면

$$\triangle S_{mix} = k \ln W = k\{\ln (n_1 + n_2)! - \ln n_1! - \ln n_2!\}$$

$$= -k\left(n_1 \ln \frac{n_1}{n_1 + n_2} + n_2 \ln \frac{n_2}{n_1 + n_2}\right)$$

$$\phi_1 \equiv \frac{n_1}{N} = \frac{n_1}{n_1 + n_2}, \quad \phi_2 \equiv \frac{n_2}{N} = \frac{n_2}{n_1 + n_2} \text{ 로 쓰면,}$$

$$\triangle S_{mix} = -Nk(\phi_1 \ln \phi_1 + \phi_2 \ln \phi_2)$$

로 되어 (2.3)식과 유사한 모양이 된다. 고분자의 경우는 각 모노머가 서로 연결되어 있는 효과를 도입한 매우 복잡한 계산 결과 (2.3)식처럼 되지만 기본적으로는 같은 아이디어이다 (니시 도시오 · 나까시마 겐/도꾜공업대학 대학원 교수).

·참 고 문 헌·

1) 西 敏夫, 酒井忠基：高分子学会編, 高分子加工 One Point-8『マイクロコンポジットをつくる』, 共立出版 (1995).
2) 西 敏夫：日ゴム協誌, 62 (1989).
3) T. Nishi, T. K. Kwei：*Polymer*, 16, 285 (1975).
4) H. Tanaka, T. Nishi：*J. Fac. Eng.*, Univ. Tokyo, A-21, 36 (1983).
5) L. A. Utracki (西 敏夫訳)：『ポリマーアロイとポリマーブレンド』, 東京化学同人 (1991).
6) たとえば, Z. Qiu, T. Ikehara, T. Nishi：*Polymer*, 44, 2799 (2003).
7) 秋山三郎, 井上 隆, 西 敏夫：『ポリマーブレンド』, シーエムシー (1981).
8) K. E. Min, D. R. Paul：*Macromolecules*, 20, 2828 (1987).
9) 甲中 肇：機能材料, 24 (5), 36 (2004).
10) 高分子学会編：『ポリマーアロイ 第2版』, 東京化学同人 (1993).
11) P. G. de Gennes：*J. Phys.* (Paris), 31, 235 (1970).
12) T. Hashimoto, J. Kumaki, H. Kawai：*Macromolecules*, 16, 641 (1983).
13) H. Tanaka, T. Hayashi, T. Nishi：*J. Appl. Phys.*, 59, 3927 (1986).
14) 高分子学会編：『高性能ポリマーアロイ』, 丸善 (1991).
15) H. Hasegawa, H. Tanaka, K. Yamasaki, T. Hashimoto：*Macromolecules*, 20, 1651 (1987).
16) D. A. Hajduk, P. E. Harper, S. M. Gruner, C. C. Honeker, G. Kim, E. L. Thomas, L. J. Fetters：*Macromolecules*, 27, 4063 (1994).
17) L. Leibler：*Macromolecules*, 13, 1602 (1980).

18) R＆D　レポート　No.38, 世界と機能設計, シーエムシー (1982).

19) E. Helfand, Y. Tagami : *J. Chem. Phys.*, 56, 3592 (1972).

20) E. Helfand, A. M. Sapse : *J. Chem. Phys.*, 62, 1237 (1975).

21) S. Wu : *J. Phys. Chem.*, 74, 632 (1975).

22) E. Helfand : *J. Chem. Phys.*, 63, 2192 (1975).

23) T. Nose : *Polym. J.*, 8, 96 (1975).

24) 岸本浩通：『ゴム・エラストマーの界面と機能』, 第6章, シーエムシー (2003).

25) 西　敏夫：日ゴム協誌, 58, 232 (1985).

26) J. M. H. M. Scheutjens, G. J. Fleer : *J. Phys. Chem.*, 84, 178 (1980).

27) H–J. Taunton, C. Toprakcioglu, L. J. Fetters, J. Klein : *Macromolecules*, 23, 571 (1990).

28) R. M. Overney, D. P. Leta, C. F. Pictroski, M. H. Rafailovich, Y. Liu, J. Quinn, J. Sokolov, A. Eisenberg, G. Overney : *Phys. Rev. Lett.*, 76, 1272 (1996).

29) P. G. de Gennes : *Macromolecules*, 14, 1637 (1981).

30) 加藤忠哉：高分子学会編, 高分子サイエンス One Point–8 『高分子の表面・界面』, 共立出版 (1995).

31) 青柳岳司, 土井正男：高分子, 48 (5), 316 (1999).

32) K. M. Hong, J. Noolandi : *Macromolecules*, 14, 727 (1981).

33) 森田裕史：『ゴム・エラストマーの界面と機能』, 第2章, シーエムシー (2003).

34) T. Nose, K. Inomata, H. Morita, T. Kawakatsu, M. Doi : *Macromol. Chem. Phys.*, 202, 1548 (2001).

35) 加藤清雄：『ゴム・エラストマーの界面と機能』, 第17章, シーエムシー (2003).

36) 梶原鳴雪：『無機・有機ハイブリッド材料開発と応用』, シーエムシー (2003).

37) M. Böltau, S. Walheim, J. Mlynek, G. Krausch, U. Steiner :

Nature, 391, 877 (1998).

38) T. Noguchi, A. Magario, S. Shimizu, S. Fukazawa, J. Beppu, M. Seki, H. Iwabuki, K. Nagata, T. Nishi : *Polym. Prepr. Jpn.*, 53, 931 (2004).

39) 臼杵有光 : 高分子学会高分子 ABC 研究会編, 『ポリマーABCハンドブック』, 第6章 第6節 エヌ・テイー・エス (2001).

40) Y. Someya, Y. Sugahara, N. Teramoto, M. Shibata, M. Miyoshi : *Polym. Prepr. Jpn.*, 53, 2223 (2004).

41) 伊藤耕三 : 機能材料, 24 (5), 57 (2004).

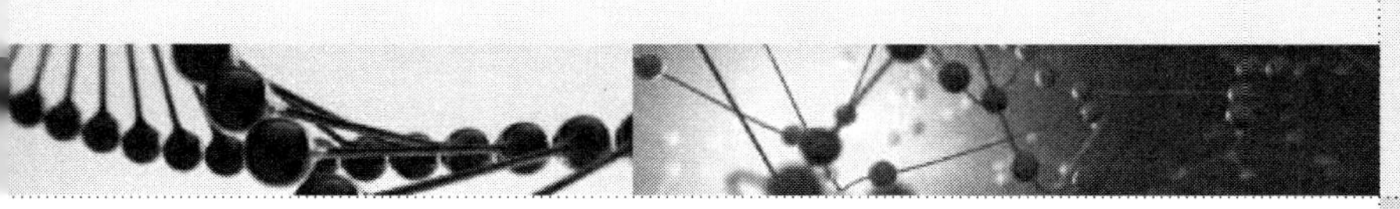

고분자 나노재료를 만드는 법

 기본적인 아이디어

고분자 나노재료를 만드는 방법은 현재 실험실 규모에서 실용적 규모까지 많은 종류의 다양한 방법이 알려져 있으며, 표 3-1에서 보는 바와 같이 크게 나누어 화학적 기법과 물리적 기법으로 분류할 수 있다.

표 3-1 **고분자 나노재료 만드는 법의 분류**

화학적 기법	① 블록, 그래프트 공중합 ② 상호 침입 고분자 그물눈(interpentrating polymer network : IPN) ③ 분자 복합(molecular composite) ④ 가교, 공가교 ⑤ in situ법 나노 콤퍼짓 ⑥ 졸겔법 나노 콤퍼짓 ⑦ 인터카레이션법 나노 콤퍼짓 ⑧ 기타(초분자법, 광고정법, 전해중합, 미셀 템플레이트 중합, 덴드리머)
물리적 기법	① 폴리머 콤플렉스 ② 폴리머 블랜드의 상분리(스피노달 분해, 핵생성과 성장, 점탄성 상분리, 결정화, 공정화(共晶化), 상호 침입 구정(interpentrating spherulites : IPS)……) ③ 공중합체의 마이크로 상분리(구상, 봉상, 공연속 구조, 층상……) ④ 초임계 ⑤ 액정, 고분자 액정 등을 이용한 상분리 ⑥ 기계적 혼합과 화학반응(리액티브·프로세싱, 상용화제, 나노입자·나노튜브 복합……) ⑦ 외장 이용(유동장, 압력, 자기장, 전기장……) ⑧ 기타(LB막, 일렉트로 스플레법……)

표 3-1에는 얼핏 보아 관련이 없는 항목이 나열된 듯한 느낌이 들지도 모르지만 그 기본에는 제2장에 기술한 바와 같은 분자 간 상호작용, 상도(相圖), 상전이, 계면·표면, 분자량 등의 효과가 동통항으로 존재하고 있다.

여기서는 표 3-1 중에서 몇 가지 대표적인 예를 발췌하여 소개하겠다. 또 표 3-1에 소개한 것 외에도 새로운 기법이 탄생하게 되었지만, 그러한 경우에도 그것이 고분자 나노재료를 만드는 기법인지 혹은 고분자 나노 물질을 만드는 기법인지 깊이 고찰하는 태도가 필요할 것으로 본다. 특히 만드는 법으로서 프로세스의 복잡성 여부, 연속적인가 배치(batch)적인가, 온도, 압력, 수율(收率), 필요한 시간, 환경문제, 폐기, 재활용 등 많은 요소를 세심하게 검토하는 것이 중요하다.

③·② 블록, 그래프트 공중합

블록(block), 그래프트 공중합(graft copolymer)에 의한 고분자 나노재료는 기초, 응용, 공업화 등 모든 면에서 가장 큰 발전을 이룩하였다.[1,2] 역사적으로는 1940년대부터 시작된 아크릴로니트릴(acrylonitrile)·부타디엔(butadiene)·스티렌(styrene) 수지, 고충격성 폴리스티렌(HI-PS) 등이 원조(元祖)이고, 1950년대에는 스티렌·부타디엔 블록 공중합 고무(블록 SBR), 프로필렌 에틸렌, 프로필렌(PP-EP) 블록 공중합체, 1960년대에는 스티렌 부타디엔스티렌(SBS) 블록 공중합체 등이 출현하여 현재까지도 유용하게 사용되고 있다.

그 후에 많은 열가소성 엘라스토머(thermo-plastic elastomer : TPE)가 블록, 그래프트 공중합체에 의해 출현되었다. 폴리에스테르 엘라스토머, 폴리아미드 엘라스토머, 폴리이미드 엘라스토머 등이다. 또 이제까지 SBS계 블록 공중합체도 부타디엔 부분을 수첨하여 내용제성, 내후성을 향상시키고 있다.

기본은 이종(異種)의 고분자 사슬끼리 공유결합으로 연결된 상태를 어떻게 만드느냐와 그 집합체에 어떠한 마이크로 상분리(실제로는 수십nm 오더) 구조를 취하게 하느냐이다.

공중합의 기법으로는 리빙 중합법, 마이크로 모노머법, 텔레케릭 폴리머의 결합법 등이 주체이다. 리빙 중합법에도 아니온 리빙 중합, 카티온 리빙 중합, 라디컬 리빙 중합, 배위 리빙 중합 등이 있다. 이 밖에 메타시세스 중합, 이모탈 중합, 그룹 이동 중합 등 다종 다양한 방법에 의한 블록, 그래프트 공중합이 가능하다.[3]

문제는 오히려 어떠한 요구 성능에 부응하여 어떠한 블록, 그래프트 공중합체를 만들고 그것에 어떠한 마이크로 상분리 형태를 취하게 하느냐 하는 점이다. 합성 측면에서가 아니라 물성 측면에서 합성쪽으로 피드백이 요구되는 상황이며, 일반적인 공중합 방법에 대해서는 전문서[1~3]를 참조하기 바란다.

마이크로 상분리 구조에 관해서는 제2장, 제4장에서 기술한 바와 같이 근년에 큰 진전을 엿볼 수 있으며 종래의 구상, 봉상, 층상의 상분리 구조뿐만 아니라 공연속 구조, 더블 자이로이드 구조[4] 등이 알려지게 되었다. 이러한 구조는 A-B형 2원 블록 공중합체나 A-B-A형 3원 블록 공중합체가 만드는 마이크로 상분리 구조이지만 합성법의 진보로 A-B-C형 3원 블록 공중합체, 더 나아가 A-B-C-D형 4원 블록 공중합체 등도 가능하게 되었다.[5] 실제로 3원 공중합체에서는 A-B-C, A-C-B, B-A-C와 같은 공중합 순서, 각 블록의 조성, 분자량 등에 따라 방대한 파라미터 조합이 가능하다. 그에 의해서 생성되는 고차 구조도 다종 다양하다.[6] 그 고차 구조의 복잡성은 2원 블록 공중합체에서 어려운 문제였던 공연속 구조의 판별(규칙적 공연속 더블 다이아몬드 : OBDD)과 규칙적 공연속 더블 자이로이드(OBDG)의 비는 아니다. 이와 같은 상분리가 실제로 일어나고 있는가의 여부는 종래의 소각 X선 산란(SAXS)이나 투과형 전자 현미경(TEM)으로는 판정이 불가능에 가깝다. 제4장에서 소개하는 3차원 TEM 등이 이제부터 3차원 연구 개발에 필수적인 것이 될 전망이다.

한편 블록, 그래프트 공중합체의 마이크로 상분리에 의해 많은 내충격성 수지, 열가소성 엘라스토머 등이 생산되어 이용되고 있다.[7] 하지만 규칙적인 마이크로 상분리 구조를 실제로 이용한 고분자 나노재료는 아직 실현되지 않았다고 할 수 있다. 사정은 3차원 블록 공중합체보다도 단순한 A-B형 2원 블록 공중합체에 대해서도 마찬가지이다.

즉 블록 공중합체의 규칙적인 마이크로 상분리에 관한 논문은 매우 많지만 그 응용에서는 눈여겨볼 만한 것이 거의 없다. 그 원인은 규칙적인 마이크로 상분리 구조의 영역(도메인) 크기가 작고, 보통 시료는 많은 도메인의 집합체일 뿐이기 때문이다. 반도체 용어로 표현한다면 큰 단결정을 얻을 수 없고, 다결체밖에 획득하지 못한다는 것이다.

앞으로 어떠한 기법으로든 블록 공중합체의 마이크로 상분리한 도메인을 크게 할 수 있다면 고분자 나노재료로서의 흥미로운 전개가 기대된다. 구체적으로는 마이크로 상분리를 이용한 포토닉 크리스털(구상, 봉상 상분리), 웨이브 가이드(봉상 상분리), 튜너블 포토닉 크리스털(층상 상분리), 나노 템플레이트(봉상 상분리) 등이다.[8]

3·3 in situ법, 졸겔법 나노 콤퍼짓

고분자 나노재료로써의 나노 콤퍼짓을 만드는 법에는 in situ법, 졸겔법(sol-gel process), 초미립자 직접 분사법, 인터카레이션법 등이 있지만[9,10] 여기서는 화학적 기법의 대표적인 예로 앞의 두 건에 대해서만 소개하겠다.

in situ법에서는 중합과 가교반응 등을 동시에 진행시켜 nm 오더의 분산상을 형성시킨다. 공업화된 대표적인 예로는 수소 첨가 아크릴로니트릴 부타디엔 고무(H-NBR)를 메타크릴산(methacrylic acid) 아연

(ZDMA)으로 팽윤시켜 in situ 중합을 시키는 동시에 과산물에 의한 가교반응을 진행시킨다. 그러면 H−NBR 가교체 매트릭스 속에 폴리메타크릴산 아연이 20 nm 정도 크기로 나노 분산된 나노 콤퍼짓을 획득할 수 있다.

이 고분자 나노재료는 NBR을 카본블랙으로 보강한 계보다도 높은 강도를 나타낸다.[11,12] 이 밖에도 ZDMA/과산화물 가교/폴리 부타디엔 고무계의 in situ 중합으로 고강도, 고탄성률, 고반발 탄성 재료를 획득할 수 있는 것으로 알려져 있다. 요점은 nm 오더의 초미립자를 고분자 매트릭스 속에 화학반응으로 발생시키는 동시에 가교를 진행시킨 복합재료를 작성하는데 있다. 여러 가지 재료의 조합을 생각할 수 있지만 용도, 요구 성능에 부합되는 최적화가 필요하다.

졸겔법에서는 금속 알콕시드 (alkoxide)의 가수분해반응과 축합반응을 거쳐 금속 산화물 미립자를 작성한다.[10] 무기물로는 실리카, 알루미나, 티타니아, 게르마니아, 바나디아 (vanadia) 등이 사용된다. 이때 졸겔반응 용액에 용해 가능한 유기 고분자를 공존시키면 여러 가지 나노 콤퍼짓을 얻을 수 있다.

대표적인 예는 실리카 겔이 분산한 경우인데, 테트라에톡시실란 (TEOS)의 in situ법에 의한 졸겔반응으로 실리콘 고무와 각종 디엔계 고무 가교체 속에 입자 지름 수십nm의 실리카 초미립자를 분산시킨 고분자 나노재료[13] 또는 유기−무기 폴리머 하이브리드가 있다. 보통 분산이 양호하면 입자 지름이 빛의 파장 이하이므로 투명한 나노 콤퍼짓이 획득된다. 올바르게 만들지 못하고, 석출 미립자 상호가 응집하여 크기가 미크론 오더로 되면 불투명한 재료를 얻게 된다.

각종 졸겔반응/고분자 조합과 요구하는 성능에 따라 많은 가능성이 있으며, 이것도 목적에 맞춘 최적화가 필요하다. 이 경우도 나노 분산되어 있느냐 아니냐의 판단에는 다음 장에서 소개하는 3차원 TEM 등에 의한 검토가 필요하다.

컬럼 주사형 전자 현미경(SEM)의 구조

TEM에 이어서 TV와 유사한 결상 방식을 갖는 주사형 전자 현미경(scanning electron microscope : SEM)도 제안되었다. SEM은 이미 1935년에 크놀(Max. Knoll)에 의해서 원리가 제시되고 1938년에 알덴네(V. Ardenne)에 의해서 시험 제작되었다. 그러나 당시는 TEM 개발에 주력하였기 때문에 SEM의 발전은 1960년대에 들어와서야 본격화되었다.

SEM은 가늘게 오므린 2차원적으로 주사하는 가속 전압 수십kV의 전자선을 고체 표면에 조사하여 발생하는 전자선 또는 빛을 검출, 증폭, 휘도를 변조하여 주사와 동기시킨 음극선관(CRT)상에 영상으로 재생하는 현미경이다.

SEM의 확대상을 얻는 방법은 광학 현미경이나 TEM과는 다르다. SEM에서는 가늘게 오므린 전자빔을 시료 위에 주사시키고, 영상 재생쪽에서는 CRT 내의 형광면에 전자빔을 주사시켜 양자의 동기를 취함으로써 상이 형성된다. 광원부인 전자총에서 발생한 전자선은 콘덴서 렌즈로 정리된 후 대물 렌즈에 의해서 시료면 상에서 작은 스포트가 되도록 조정되어 시료에 조사된다. 그러면 2차 전자, 반사 전자 등이 발생한다.

이들 전자의 발생 효율은 시료의 요철, 물질, 전위 등에 따라 다르다. 이것을 이용하여 발생한 2차 전자와 반사 전자를 검출·증폭하여 그 양에 부응한 밝기를 CRT 모니터에 표시함으로써 확대상을 볼 수 있다.

확대상은 사진 촬영, 전용 화면에 카메라를 세트하여 촬영하고 기록한다. TEM과 마찬가지로 거울체 안은 진공 배기장치에 의해서 늘 고진공으로 유지되고 있다.

SEM의 제품화는 TEM보다 훨씬 뒤쳐졌지만 제품화 후의 보급은 매우 빨라 현재는 TEM의 보급을 추월하고 있다. SEM은 반도체의 미세한 패턴 폭을 고분해 능으로 관찰하여 높은 정밀도로 측정하는 검사 장비 등에 응용되고 있으며, 그 분 해능은 현재 0.5 nm에 이르고 있다.

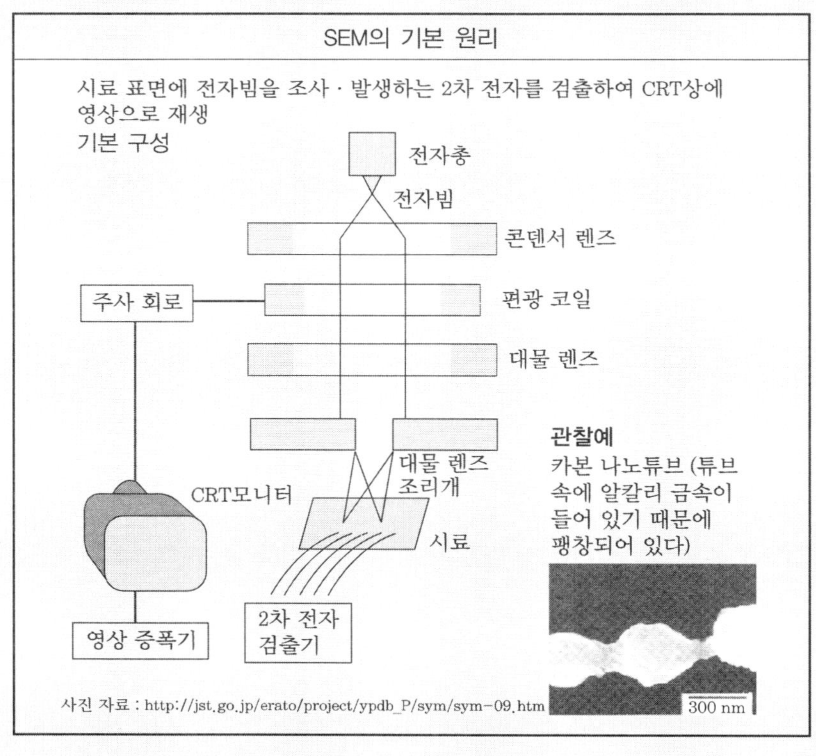

③·④　초분자법

공유결합이 아닌 수소결합, 소수결합(疏水結合) 등을 이용한 초분자 기법을 적용하여 고분자 나노재료를 만드는 것이 최근 주목을 받기 시작했다. 아직 일반론이 성립될 단계는 아니지만 유망한 분야로 전망되므로 여기서 몇 가지 예를 소개하겠다.

우선 어떤 종류의 저분자 화합물을 용매에 가열·용해시킨 다음 냉각하면 결정화하지 않고 겔을 형성하는 경우가 있다. 이와 같은 물질을 겔화제라고 한다. 이 겔화는 수소결합과 같은 비공유결합에 의해 분자가 자기결합하여 섬유상 화합체를 형성하고, 최종적으로 3차원 그물눈 구조를 형성했기 때문에 일어난다. 이때 섬유의 지름은 대부분 나노 사이즈이다.[14] 예를 들면, L-이소로이신 유도체와 L-바린 유도체 등의 아미노산 화합물이 알려져 있다.

또 이와 같은 유기 나노 파이버를 템플레이트로 하여 금속 미립자와 금속 산화물 등의 나노 구조체를 형성시키는 노력도 시도되고 있다. 이들 소재는 고분자 나노재료에 대한 복합재료가 될 수 있는 가능성을 내포하고 있다. 나노 파이버 자신도 직선상 뿐만 아니라 나선상, 중공상(中空狀), 로프상 등 다양한 형태를 얻을 수 있다고 한다.

초분자 기법을 구사한 고분자 나노재료 중에서 가장 기대되는 것은 고리상 분자와 고분자를 조합한 재료[15]이다. 예를 들면 α-시클로덱스트린 (α-CD)처럼 안지름이 $0.45\,nm$ 정도인 작은 도넛상 분자를 폴리에틸렌 글리코올 (PEG)과 같은 수용성 고분자 용액 속에 넣으면 α-CD는 바깥쪽이 친수성, 안쪽이 소수성이므로 PEG는 α-CD와 착제 (complex)를 형성한다. 그리하여 고분자 사슬과 α-CD에 의한 목걸이상 (necklase)의 초분자가 생성한다. 다음에 PEG의 양단을 디니트로페닐기 등 큰 사이즈의 치환기로 멈추게 하면 고리상 분자가 위상 기하학적으로 구속되어 빠지지 않게 되므로 초분자는 안정화한다.

　다음에 염화 시아눌과 같은 분자를 반응시켜 시클로덱스트린 상호
를 가교하면 그림 3-1[16]과 같은 8자형의 나노 사이즈 가교점이 형성
된다. 이때 PEG 사슬은 움직일 수 있으므로 가동 또는 환동 (環動)의
가교점으로 되어 있다.

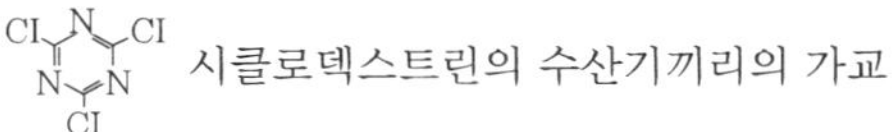

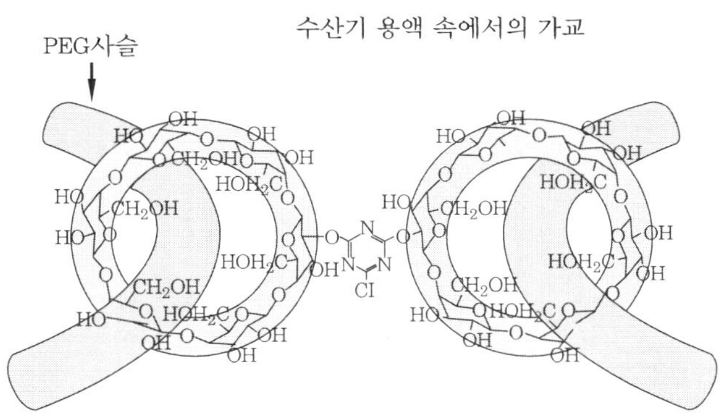

그림 3—1　**가동 가교 (8자형 가교의 모델도)**[16]

　따라서 생성한 겔은 그림 3-2와 같은 형태로 되어 있다. 이 경우
겔은 화학적인 결합이나 미결정 같은 물리적 응집상태에 의해 가교되
어 있는 것이 아니라 위상 기하학적인 구속에 의해서 가교되어 있으
므로 이것을 토폴로지컬 겔 (환동 겔)이라고 한다.

　그림 3-2와 같이 환동 겔을 신장 (伸張)하면 그림 3-3 (b)[15]와 같이
가교점에 가해지는 응력이 평균화되도록 가교점이 이동한다. 이제까
지의 화학 겔에서는 그림 3-3 (a)[15]와 같이 가교점 등에 응력이 집중
되기 쉽고, 여기가 기점이 되어 파괴가 진행한다.

　이 방법으로 생성한 환동 겔에서는 현재 건조 중량 8000배 정도로
크게 팽윤하는 겔과, 용매를 90 % 정도 포함하면서 20배나 신장이 가

능한 겔을 획득할 수 있다.

이와 같은 아이디어를 구사한 고분자 나노재료에는 많은 가능성을 기대할 수 있다.

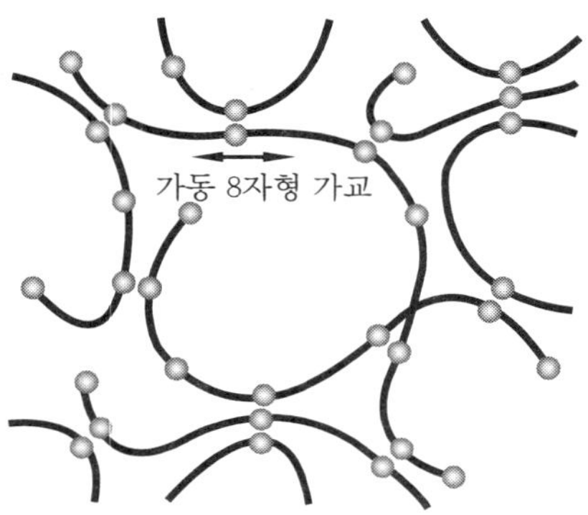

그림 3-2 **토폴로지컬 겔(8자형 가교가 자유롭게 움직이는 환동 겔)**

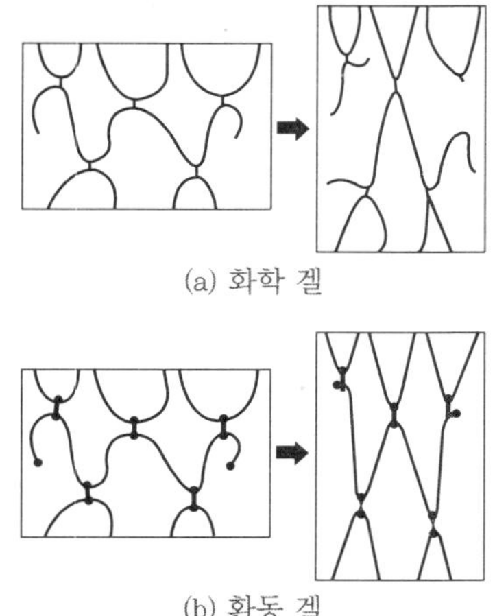

그림 3-3 **화학 겔과 환동 겔의 신장상태 모식도**[15]

 상전이 (相轉移)에 의한 방법

상전이를 구사한 고분자 나노재료 제작법에 관해서는 연구가 가장 앞선 상태에 있다. 표 3-1에 제시한 물리적 기법 대부분이 여기에 관련되어 있다. 키워드는 상도, 스피노달 분해, 핵생성과 성장, 점탄성 상분리, 상호 침입 구정 (球晶), 마이크로 상분리 등이다. 이들에 관해서는 문헌[13~17,18]을 참조하기 바라며, 여기서는 새로운 사례를 몇 가지 소개하겠다.

먼저 고분자의 결정화가 관련된 고분자 나노재료로는 엘라스토머를 매트릭스로 하여 폴리프로필렌의 나노 결정을 석출시킨 TSOP (the super olefin polymer)가 유명하다.[1] 엘라스토머는 에틸렌·프로필렌계 고무로, 양자는 고온 용융상태에서 거의 균일계를 이루고 있지만 사출 성형하여 고체화시킬 때 미세한 상분리와 결정화가 동시에 일어나 내충격성, 리사이클이 가능한 재료가 된다. 중합 프로세스 등의 상세는 발표된 바 없으나 최종적으로 엘라스토머가 매트릭스이면서 결정상이 엘라스토머상에 침입한 형태로 고체화하여 고강성 조건도 만족시키고 있다.

최근에는 이종 (異種)의 결정성 고분자 혼합계로, 고온에서는 양자가 상용하고 있지만 냉각 고체화시키면 각각의 결정성 고분자가 구성을 형성하여 성장하며 구성 상호가 충돌하여도 서로의 구정 안에 라멜라 오더 (nm 오더)로 끼어드는 상호 침입 구정 (inter-penetrated spherulitesi : IPS)이 발견된다. 일반적으로 호모폴리머의 경우에는 고온의 용융상태에서 냉각하면 구정이 성장하기 시작하고, 구정과 구정이 충돌하면 그 시점에서 성장이 정지하여 구정의 경계가 생성한다. 여기는 역학적으로 약하여 결정성 고분자의 약점이 되고 있다. IPS의 경우는 이것이 소실되는 셈이므로 특이한 물성이 기대된다.[19] 특히 이와 같은 IPS는 결정성의 생분해성 고분자 블랜드계에서 많이 볼 수 있으며 환경과 관련해서도 흥미로운 전제를 생각할 수 있다.[20] 상전이를 이용하는 새로운 기법으로, 초임계 유체를 이용한 미세 발포 사출 성형도 고분자 나노재료를 만드는 방법으로 구체성을 띠고 있다.[21] 이것은 초임계 상태의 CO_2나 N_2를 수지와 혼합하여 사출 성형하는 것이다. 이제까지의 화학 발포에서는 기포 지름 $100\,\mu m$ 정도가 한계였지만 초임계를 이용하면 $5\sim100\,\mu m$의 독립 기포체를 제조할 수 있다. 고분자 나노재료라 간주하려면 한자릿수 더 작은 기포 발생이 필요한데, 격벽 쪽은 $1\,\mu m$를 돌파하는 것까지도 가능하다. 고분자 다공(多孔) 필름 등은 많은 용도가 있으므로 이와 같은 제조법의 발전이 요망된다.

3·6 리액티브 프로세싱

리액티브 프로세싱은 고분자 나노재료를 대량 생산하는 가장 유력한 제조법이다.[8,22] 보통 2축 압출기로 L/D (길이/지름)가 큰 스크루(screw)를 사용한다. 일반적인 압출기는 L/D가 30 전후이지만 최근에는 리액티브 프로세싱용에 L/D가 100 정도의 것까지 출현하고 있다. 그림 3-4는 그 개념도와 사진이다. 그림과 같이 왼쪽에서 투입한 폴리머의 펠레트, 충전제, 반응제 등이 왼쪽에서 분체 수송존, 고체상 전단존, 반응존을 거쳐 고체상 전단·고압존, 신속 상전이존을 통하여 사출 성형된다. 이 경우의 분산상 스케일은 mm 오더에서 nm 오더로 미세화한다. 재료가 체류하는 수분 사이에 폴리머 나노 알로이, 나노 콤퍼짓이 연속적으로 만들어지는 셈인데 참으로 놀랄만하다.

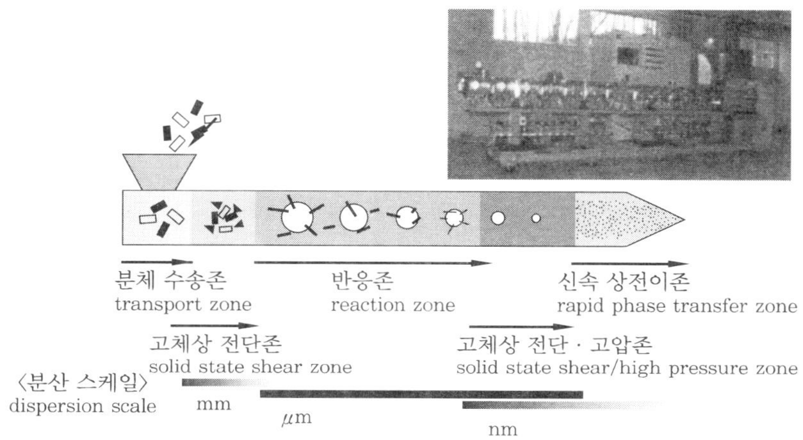

그림 3-4 **리액티브 프로세싱의 개념도**[23)]

2축 압출기의 스크루 형상, 맞물림 방식, L/D 온도, 압력, 전단 속도, 재료의 피드 속도, 냉각 속도, 기타 수많은 파라미터를 제어하여 최적한 고분자 나노재료를 만들기 위해서는 많은 연구 개발이 필요하다. 특히 상전이에 관해서는 고분자계의 상도가 온도, 압력, 분자량, 전단 속도 등에 따라 움직인다는 사실을 기억하여야 한다.

일반적인 폴리머 알로이를 만드는 경우 비상용의 폴리머 A와 폴리머 B를 블랜드하고, 거기에 A-B블록 공중합체와 같은 상용화제(compatibilizer)를 첨가하면 A-B블록 공중합체가 두 상 계면에 국재하고, 계면장력을 저하시켜 미분산의 폴리머 블랜드를 얻을 수 있다. 마치 물과 기름의 혼합계에 친수성 · 소수성 그룹을 가진 계면활성제를 가하여 유화(乳化)가 일어나는 것과 같은 것이다.

리액티브 블랜드에서는 이종(異種) 고분자 A, B에 적당한 반응 사이트를 가지게 하여 둔다. 그것들을 용융 · 혼연하면 양 상의 계면에서 A와 B 사이에 커플링 반응이 일어나 A-B블록 공중합체와 A-B그래프트 공중합체가 생성된다. 이것이 상용화제로 작용하여 분산상태를 미세화 · 안정화하고 또 양 상의 접착력을 향상시킨다. 이 상황은 강한 전단 아래서는 가속되어 단시간에 nm 오더의 분산이 가능하게 된다.

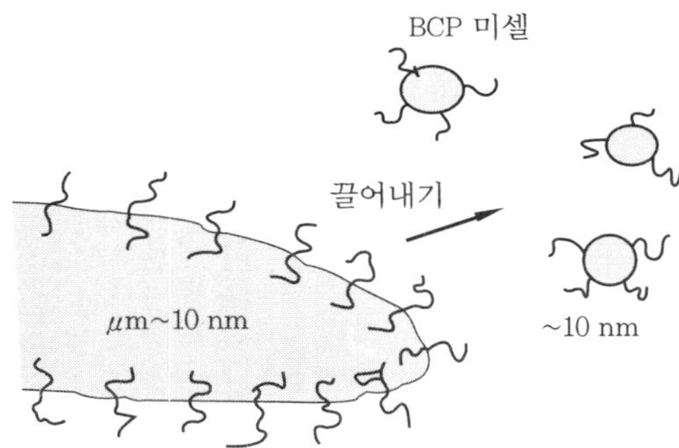

그림 3-5　**리액티브 블랜드에서의 in situ법 공중합체의 끌어내기**[24]

　이 상황은 그림 3-5와 같이 모델화되었다.[24] 그림에서는 블록 공중합체 (BCP)가 전단장에 의해 nm 오더의 상에서 저하한 계면장력의 효과도 부가되어 쉽게 끌려나와 BCP 미셀 상태에서 수십nm 크기로 분산되는 모습을 나타내고 있다.

　구체적인 예로는 폴리페닐렌 옥시드 (PPO)/에틸렌·그리시딜 메타크리레이트 (EGMA) 공중합체의 리액티브 프로세싱에 의해 상기한 상태가 일어나 수십nm의 EGMA 분산상을 갖는 PPO 매트릭스의 폴리머 나노 알로이가 획득된 사실이 보고된 바 있다. 이로써 성형이 어려운 내열성 엔지니어링 플라스틱인 PPO를 베이스로 한 쉬운 성형성, 낮은 유전율, 고강도, 내약품성이면서 외관도 양호한 필름을 얻게 되었다.[24,25]

　이 밖에도 폴리에틸렌 테레프탈레이트 (PET)를 주성분으로 한 리액티브 블랜드에서의 미셀 형성으로 열가소성 플라스토머 (TPP)라고도 할 수 있는 새로운 재료가 개발되었다.[24] 이 재료는 플라스틱이면서도 접어서 구부릴 수 있고 소성가공 (塑性加工)도 가능하므로 어떤 의미에서는 이 기법은 플라스틱의 리사이클에도 사용할 수 있다.

리액티브 프로세싱은 오래전부터 존재하는 대표적인 고분자 나노
재료인 충전제 보강 가황 고무의 리사이클에도 적용이 가능하다. 그
림 3-6은 그 가황 고무의 동적 탈가교의 기본 시스템이다.

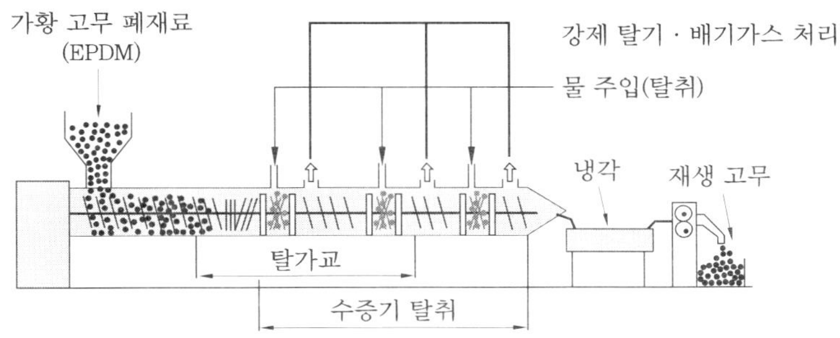

그림 3-6 **동적 탈가교의 기본 시스템**[26]

그림에는 에틸렌 · 프로필렌 공중합 고무(EPDM)의 가황물을 2축
압출기에 투입하고 황가교가 절단되고 C-C 공유결합은 절단되지 않
는 온도, 전단장 조건으로 하면 가교가 절단된 재생 고무가 획득되는
것을 나타내고 있다.

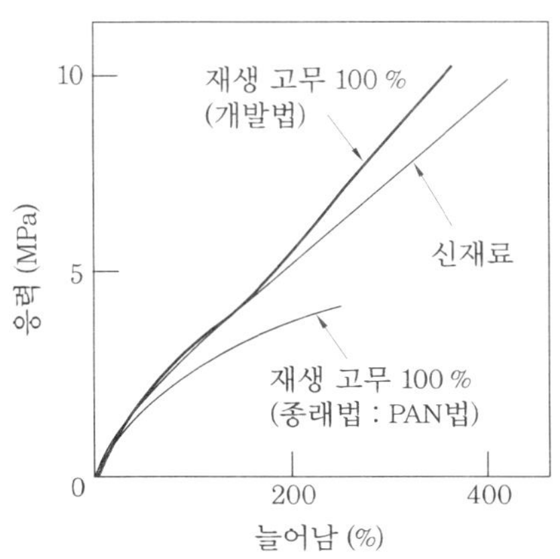

그림 3-7 **재생 고무의 응력-늘어나는 특성**[26]

또 L/D가 길므로 도중에 물을 주입하여 수증기 탈취도 가능하다. 이와 같이 하여 획득한 재생 고무의 응력-늘어나는 특성은 그림 3-7[26]에 보인 바와 같이 신재료와 거의 마찬가지로, 종래의 PAN법 (고무 가루에 재생 오일을 첨가하여 오토 클레이브로 200℃, 5시간 정도 가열 처리하는 재생 기법)보다도 훨씬 높은 물성을 나타내고 있다.

이와 같은 리액티브 프로세싱 기법은 동적 탈가교에 의한 재생 고무 제조법뿐만 아니라 동적 탈가교와 동적 가교를 조합한 EPDM/폴리프로필렌계 열가소성 엘라스토머 작성,[26] 동적 탈가교와 클레이 슬러리 주입에 의한 나노 콤퍼짓 작성[26] 등에도 전개되고 있다. 그림 3-8은 그 시스템을 나타낸 것이다. 앞으로 더욱 많은 사례가 나타나 고분자 나노재료 대량 생산의 유력한 방법으로 발전하기를 기대한다.

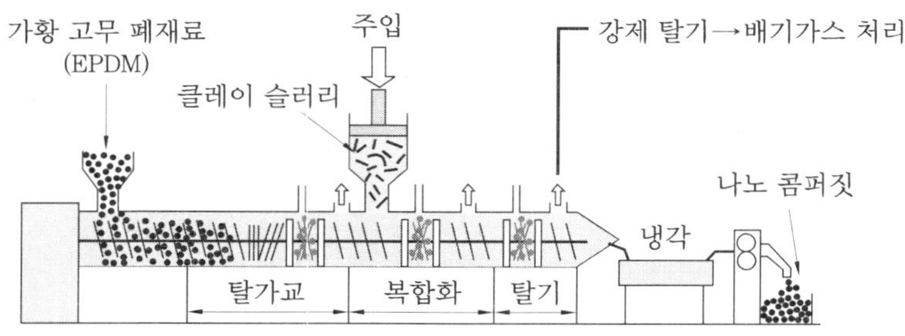

그림 3-8   동적 탈가교와 클레이 슬러리 동시 주입 프로세스에 의한 재생 고무 나노 콤퍼짓화 시스템[26]

3·7   맺는말

여기서는 고분자 나노재료 제작법의 대표적인 사례를 소개하였다. 여기서 소개한 사례 외에도 표 3-1에서 예거한 바와 같은 여러 가지 제작법이 있고, 앞으로 많은 기법이 개발될 것으로 전망된다. 특히 고분자 나노재료에 관해서는 어떠한 목적에 맞게 고분자 나노재료를 만드느냐가 문제이므로 그 목적에 부응한 제작법의 개발, 최적화, 재료의 고차 구조, 특성 평가와 해석이 매우 중요하다. 특히 만드는 법에 관해서는 장치의 대형화, 최적 조건의 탐색 등 시행착오가 따르는 경우가 많다는 것을 늘 명심할 필요가 있다 (니시 도시오·나까시마 겐/도쿄공업대학 대학원 교수).

·참 고 문 헌·

1) 高分子学会高分子 ABC 研究会編 :『ポリマー ABC ハンドブック』, エヌ・テイー・エス (2001).

2) 高分子学会編 :『ポリマーアロイ 第2版』, 東京化学同人 (1993).

3) 高分子学会編 :『高性能ポリマーアロイ』, 丸善 (1991).

4) 西川幸宏, 陣内浩司, 古河弘光, 成瀬幹夫 : 機能材料, 22 (10), 11 (2002).

5) 松下裕秀, 高野敦志 : 機能材料, 24 (5), 30 (2004).

6) F. S. Bates, G. H. Frederickson : *Physics Today*, Feb. 32 (1999).

7) L. A. Utracki (西 敏夫訳) :『ポリマーアロイとポリマーブレンド』, 東京化学同人 (1991).

8) E. L. Thomas : Int. Symp. Nanostructured Polym. Mat., Preprints, 4 (2003), 12月, 東京国際交流館.

9) 山田英介 : 日本接着学会誌, 40 (3), 34 (2004).

10) 生越友樹, 中條善樹 : 日本接着学会誌, 40 (7), 33 (2004).

11) 野村顕正, 高野 仁, 豊田明宣, 斎藤孝臣 : 日ゴム協誌, 66, 830 (1993).

12) 斎藤孝臣, 浅田美佐子, 西村浩一, 豊田明宣 : 日ゴム協誌, 67, 867 (1994).

13) 糊谷信三, 西敏夫, 山口幸一, 秋葉光雄編 :『ゴム材料の配合技術とナノコンポジット』, シーエムシー (2003).

14) 英 謙二 : 高分子, 53, 318 (2004).

15) 伊藤耕三 : 機能材料, 24 (5), 57 (2004).

16) Y. Okumura, K. Ito : *Adv. Mater.*, 15, 205 (2000).

17) 秋山三郎, 井上 隆, 西 敏夫 :『ポリマーブレンド』, シーエムシー (1981).

18) 西 敏夫, 酒井忠基 : 高分子学会編, 高分子加工 One Point−8 『マイクロコンポジットをつくる』, 共立出版 (1995).

19) 池原飛之, 邱 兆斌, 西 敏夫 : 機能材料, 24 (5), 48 (2004).

20) 青井啓悟, 西 敏夫 : 機能材料, 24 (4), 18 (2004).

21) 藤井勝裕, 金岡雅俊 : 高分子, 53, 326 (2004).

22) 西 敏夫監修 : 『ゴム・エラストマーの界面と機能』, シーエムシー (2003).

23) 古田元信, 小森研司, 岩倉哲郎, 杉田敬祐, 清水 博, 大山秀子, 石橋準也, 斉藤耕平, 井上 隆 : Int. Symp. Nanostructured Polym. Mat., Preprints, 65 (2003), 12月, 東京国際交流館.

24) 井上 隆 : 機能材料, 24 (5), 53 (2004).

25) 井上 隆 : 高分子, 53, 330 (2004).

26) 佐藤紀夫 : 『ゴム・エラストマーの界面と機能』, 第12章, シーエムシー (2003).

제 4 장

고분자 나노 파이버 · 나노 박막

4·1 고분자 나노 파이버
4·2 고분자 나노 박막

 고분자 나노 파이버

분자가 자발적으로 집합하여 일렬로 늘어선 구조 (나노 파이버)를 매트릭스로 하여 분자끼리의 가교반응을 하면 1차원의 나노 구조를 갖는 고분자 (고분자 나노 파이버)가 만들어진다. 이 고분자 나노 파이버에 전기 · 전자 전도성을 부가하면 극미세한 전선과 반도체로서의 응용을 기대할 수 있다.

분자가 일렬로 늘어선 구조의 나노 파이버는 애스펙트 비 (aspect ratio)가 높은 선상의 형태를 가지므로, 여기에 전기 · 전자 전도성 등을 부가한다면 미세한 소자나 회로를 연결하는 전선과 유기 반도체 등에 응용이 기대된다. 또 이 나노 파이버가 더욱 화합하면 1차원의 롯드에서 2차원의 테이프, 그리고 3차원의 나선과 튜브 등 다양한 형태의 나노 구조체로 변환할 수 있다 (그림 4-1 (a)).

이처럼 명확한 사이즈와 형태를 갖는 구조를 일반 고분자로 만드는 것은 매우 어렵다. 합성화학적인 방법으로 모노머 분자를 차례로 결합하여 나가는 방법도 있기는 하지만 다단계 반응이 필요하다. 그래서 최근 주목을 받는 것이 분자가 자발적으로 모이는 힘, 즉 '자기집합'이라는 현상을 이용한 나노 구조체 구축법이다. 이 방법을 이용하면 어떤 용매 속에서 분자를 가열하여 용해하고, 그 후에 냉각하는 간단한 프로세스로 나노 구조를 구축할 수 있다 (그림 4-1 (b)).

이렇게 획득한 자기집합체는 구성 요소인 분자가 규칙적으로 배치되고, 또한 배향이 일치된 특징을 갖는다. 그러나 구조의 안정성이 낮은 것이 결점이다. 이들 자기집합체는 공유결합보다도 약한 수소결합 등의 분자 간 힘에 의해서 안정화되고 있다. 이 때문에 용매나 열을 가하면 각각의 분자가 흩어져 구조가 소실된다. 그래서 자기집합에 의해서 나노 파이버를 획득한 후 이것을 매트릭스로 하여 분자 상호를 가교 (중합)함으로써 나노미터 오더로 사이즈가 균일하고 물리적으로 안정성까지 겸비한 1차원의 나노구조를 갖는 고분자 (여기서는 고분자 나노 파이버라고 한다)를 간단하게 획득할 수 있다. 마찬가지 프로세스로 결정을 매트릭스로 한 모노머 분자의 중합을 들 수 있지만 여기서는 롯드와 파이버 같은 1차원의 나노 구조라고 하는 특이적인 형태를 갖는 점이 다르다.

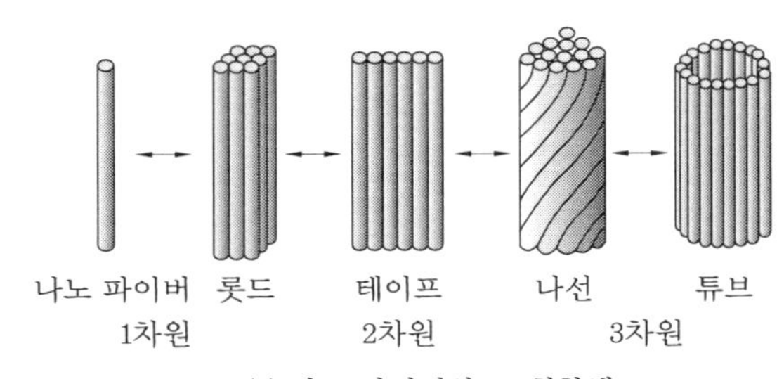

(a) 나노 파이버와 그 회합체

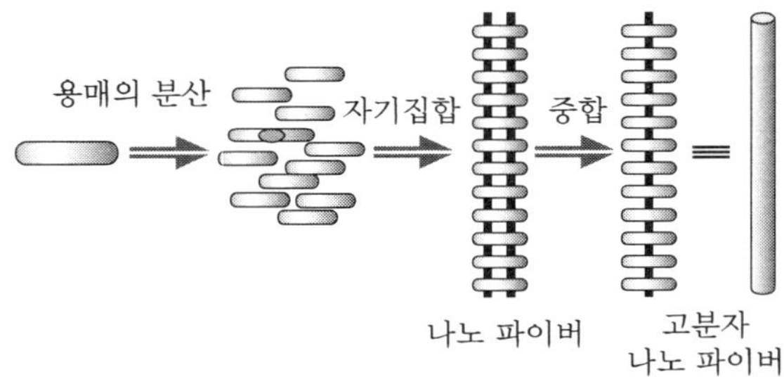

(b) '자기집합'과 '중합'의 프로세스를 사용한
1차원적인 나노 구조를 갖는 고분자의 구축

그림 4-1 **고분자 나노 파이버**

이 '자기집합'과 '중합'의 두 프로세스를 달성하기 위해서는 분자 간 상호작용을 갖는 '작용기'와 '중합성 작용기' 양쪽을 하나의 분자 속에 함께 갖는 것이 필요하다. 특히 자기집합에 의해 나노 파이버를 얻기 위해서는 복수의 분자 간 상호작용의 향방을 어느 한 축 방향으로 일치시키는 것이 중요하다.

자기집합을 위해 많이 사용되는 작용기로는 아미드기, 뇨소기, 수산시, 카르복시기 (carboxy group) 등이 있으며, 이것들은 방향성을 가진 수소결합을 가역적으로 형성하는 것이 특징이다. 이 설명에서는 아미드기를 중합성 작용기인 디아세틸렌기 양단에 도입하고, 또한 용적이 높은 아세틸화 글루코오스를 말단에 연결한 덤벨 (dumbbell) 형 모노머 1을 사용하였다 (그림 4-2 (a)). 이 모노머 분자는 유기 용매 속에서 가열, 용해한 후에 서서히 냉각시키기만 하면 아미드기가 관여한 분자 간 수소결합 사슬을 형성하면서 회합하여 나노 파이버를 형성한다.

실제로 이 집합체를 투과형 전자 현미경으로 관찰하면 폭이 10 nm 이하의 테이프가 얽힌 것임을 알 수 있다 (그림 4-2 (c)). 그 최소폭은 약 6 nm로, 늘어난 분자 2개분의 길이에 상당하다. 이것들은 폭이 10 μm 이상인 보통 침상 결정과는 달리 애스펙트 비가 100 이상인 매우 가늘고 긴 구조체이다.

이 나노 파이버에 감마선이나 자외선을 조사하여 모노머를 들뜨게 하면 규칙적인 분자 배열을 유지한 그대로 중합이 진행하여 고분자 나노 파이버를 획득할 수 있다. 중합도는 모노머 구조와 집합 형태에 의존하지만 약 13량체에서 64량체의 고분자로 변환할 수 있다 (그림 4-2 (b)). 중합도로부터 산출한 가장 긴 고분자 사슬은 약 30 nm였다. 모노머 1을 사용한 경우, 중합에 의해서 나노 파이버의 장축을 따라 폴리디아세틸렌 사슬이 생성한다.

이 고분자는 공역에 의한 전기·전자 전도성을 가지고 있으며, 또 그 주위가 높은 용적의 아세틸화 글루코오스에 의해서 거의 피복되어 있으므로 그대로 나노 전선으로 사용할 수 있을 것으로 생각된다.

위에서 기술한 용액 속에서의 프로세스를 기판 위에서 하는 것도 가능하다. 즉 자기집합에 의해서 그래파이트 (graphite) 기판 위에서 디아세틸렌을 함유한 분자를 규칙적으로 배열시키고, 그 후에 1차원적으로 중합할 수 있다. 이 계의 특징은 주사형 터널 현미경 (STM) 이라는 매우 가는 탐침을 사용하여 필요한 장소에, 필요한 길이만큼 나노 전선을 만들 수 있다는 점이다. 이것도 실용화까지는 아직 몇 가지 과제가 남아 있지만 분자 사이즈의 소자를 연결하는 전선이나 그 배선을 만드는 방법으로서는 매우 흥미로운 계이다.

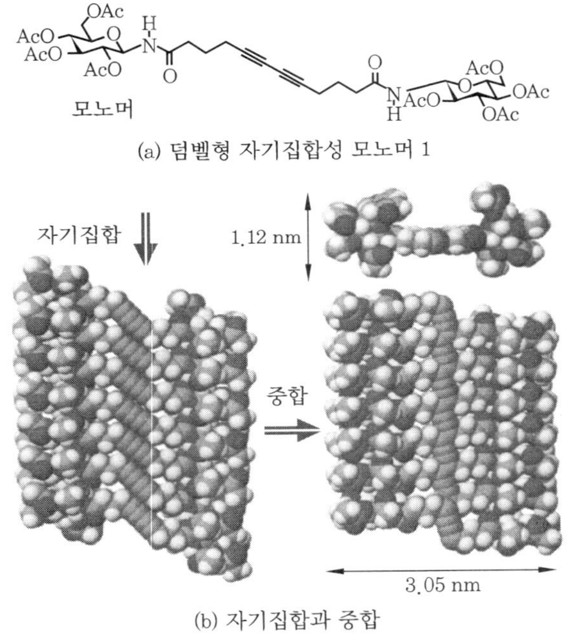

(a) 덤벨형 자기집합성 모노머 1

(b) 자기집합과 중합

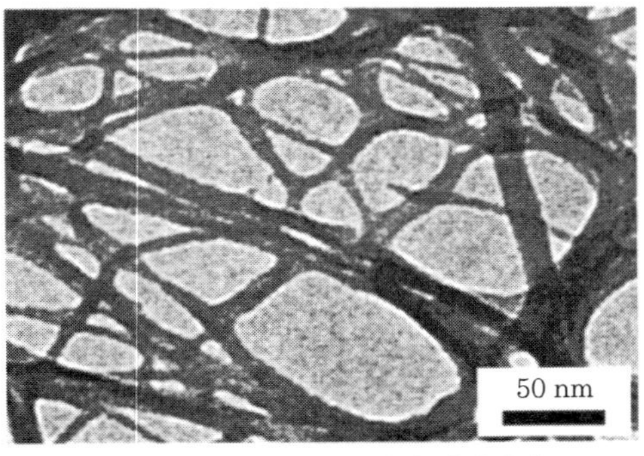

(c) 중합 후의 투과형 전자 현미경상

그림 4-2

나노 파이버로부터 중합에 의해서 나선 구조의 고분자 나노 파이버를 만들어낼 수도 있다. 먼저 그림 4-3 (a)에 제시한 3개의 아미드기를 벤젠 고리에 도입한 디스크상 분자 2를 그림 4-3 (b)와 같이 자기집합시켜 나노 파이버를 얻는다. 다음에 이것을 매트릭스로 하여 중합반응을 한다. 앞의 예와 크게 다른 점은 집합상태에서 상하의 분자가 자발적으로 엇갈리면서 배열하여 '나선'을 유기하고 있는 점이다. 이 때문에 중합에 의해서 생성한 고분자 사슬은 이 집합 구조를 반영한 나선상의 토폴로지를 가질 수 있다. 중합에 의해서 이 나노 구조는 안정화되고 있으며 중합 전에는 37℃ 부근에서 나노 구조가 무너지는 데 비하여, 중합 후에는 80℃ 이상에서도 전혀 변화하지 않는 것이 확인되었다.

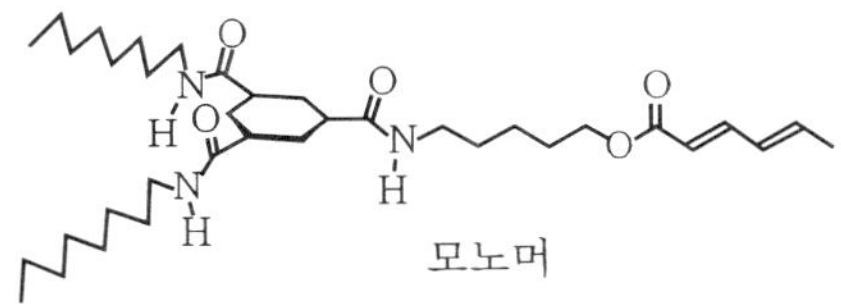

(a) 디스크상의 자기집합성 모노머 2

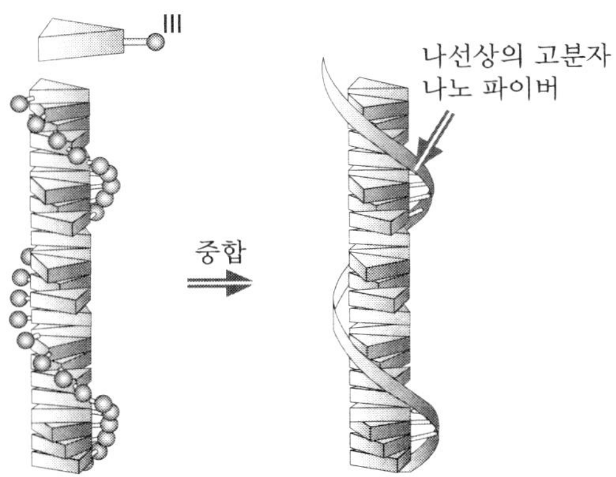

(b) 자기집합과 중합에 의한 나선을 유기한 고분자 나노 파이버

그림 4-3

　　고분자 나노 파이버 합성에 있어서는 중합성 작용기의 선택이 매우 중요하다. 즉 중합에 의해서 발생하는 고분자 사슬의 되풀이에 간격이 원래 자기집합 속 분자의 되풀이 간격 (전형적으로는 0.45~0.50 nm)과 크게 다른 경우 고분자가 생성함에 따라 나노 구조가 무너지거나 중합도 저하를 초래할 위험이 있기 때문이다 (그림 4-4 (a)).

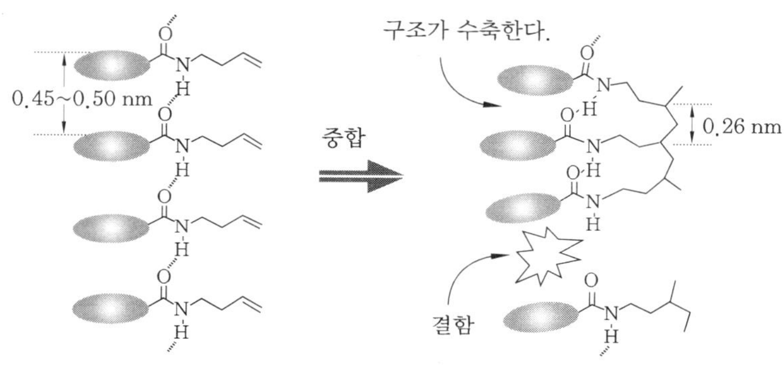

(a) 1, 2 부가형 중합

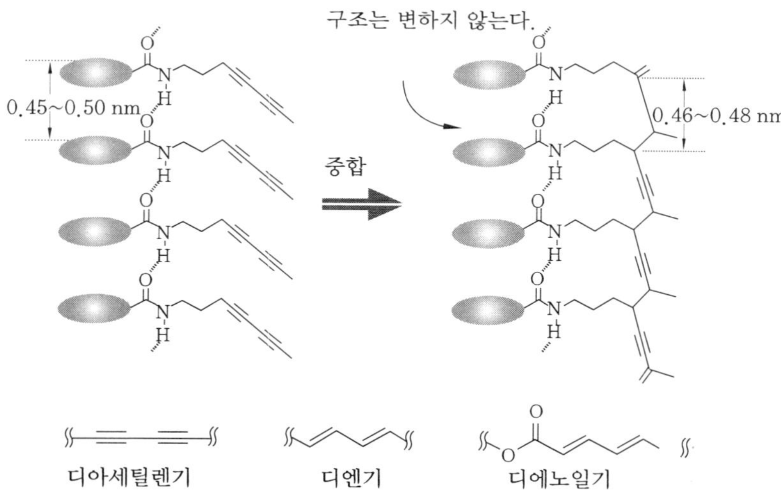

(b) 1, 4 부가형 중합과 그 중합성 작용기

그림 4-4　**자기집합체**

상술한 디아세틸렌기, 또 부타디엔기와 디에노일기 등은 이 프로세스에 안성맞춤이다 (그림 4-4 (b)). 왜냐하면 이들 작용기는 모두 중합 때 인접한 모노머와 1위와 4위로 연결하는 1, 4 부가형으로 중합반응이 일어나기 때문이다. 이 때문에 고분자 사슬의 되풀이 간격 (0.46~0.48 nm)이 자기집합상태 분자의 되풀이 간격과 거의 같으며, 중합에 의해서 나노 구조가 무너지는 일은 거의 없다.

이와 같은 작용기를 갖는 모노머에서 획득하는 고분자 나노 파이버도 각각 다른 특징을 가지고 있다. 폴리디아세틸렌은 π공역한 주사슬 구조를 갖기 때문에 짙은 적자색에서 청색을 나타내며, 요오드 등의 도핑에 의해서 전자·전기 전도성을 갖는 매우 흥미로운 고분자이다. 반면에 용매에 잘 녹지 않는 성질을 가지고 있다.

한편, 그 이외의 고분자 나노 파이버는 공역 사슬을 갖지 않기 때문에 전기·전자 전도성이 없다. 그러나 무색 투명하고 비교적 유연하여 녹기 쉬운 성질을 갖고 있다. 이와 같은 특징을 용도에 맞게 가려 쓸 필요가 있다.

현재 전자회로와 그것을 구성하는 디바이스를 나노미터 스케일로 미소화하려고 노력하고 있는데, 무기물을 깎아 나가는 이제까지의 미세 가공기술에는 한계가 있다. 때문에 더욱 미세한 유기 분자로 구성되는 디바이스도 새로운 부품으로 이들 회로에 적용될 것으로 믿어진다. 고분자 나노 파이버는 이와 같은 분자 디바이스 상호를 배선하는 도선으로 필요하다. 또 기능성 작용기를 도입함으로써 그 자신을 반도체나 센서 등의 디바이스로 사용하는 것도 가능할 것이다 (마스다 미쓰도시/일본산업기술종합연구소 주임연구원/공학박사).

컬럼   주 사 형   프 로 브   현 미 경 (S P M)

주사형 프로브 현미경 (scanning probe microscope : SPM)은 대표적인 것으로 주사형 터널 현미경 (scanning tunneling microscope : STM), 원자간 힘 현미경 (atomic force microscope : AFM), 주사형 근접장 광학 현미경 (scanning near-field optical microscope : SNOM) 등이 있다.

STM, AFM, SNOM은 프로브 (매우 미세한 금속 탐침)를 주사하는 새로운 형식의 현미경으로, 총칭하여 주사형 프로브 현미경이라 한다.

SPM은 전자 현미경에 비해 수직 방향의 분해능이 높으며 고체 표면 개개의 원자와 분자를 관찰할 수 있다. 예를 들면, STM은 고체 표면을 원자 레벨의 고분해능으로 관찰할 수 있는 방법으로 1981년 IBM 취리히 연구소에서 개발되었다.

STM에서는 시료에 터널 전류를 야기시켜 그것을 물리량으로 검출한다. 터널 전류는 탐침-시료 간의 원자 레벨의 거리에서 발생, 변화하기 때문에 그 변화를 덧그림으로써 (주사함으로써) 원자상을 얻는다.

하지만 STM로 측정할 수 있는 시료는 도전성을 갖는 것에 한정되는 결점이 있다. 그래서 1986년에 절연체 표면도 관찰할 수 있는 방법으로 AFM이 개발되었다. AFM은 탐침과 시료 사이에 작용하는 힘 (원자간 힘)을 물리량으로 고체 표면의 요철을 원자 레벨에서 측정하는 현미경이다. 이밖에 SPM에는 SNOM도 있다.

SPM은 몇 개 측정 모드가 있어 시료 표면의 요철정보뿐만 아니라 자기력 분포 (MFM), 전기력 분포 (EFM), 표면 전위 분포 (SEPM) 등의 정보를 얻을 수도 있다.

SPM은 반도체와 금속 표면의 연구, 유가·고분자·바이오 재료 관찰 등에서 큰 위력을 발휘하고 있다. 또 초미세 가공에 대한 응용이 새로 확인되어 원자 · 분

자 머니퓰레이터로 사용할 수 있음이 증명되었다. 그리고 프로세스 가공의 평가,
재료 물성 평가, 디바이스 평가와 미소 치수 계측 등 공업적 이용도 급속하게 늘
어나고 있다.

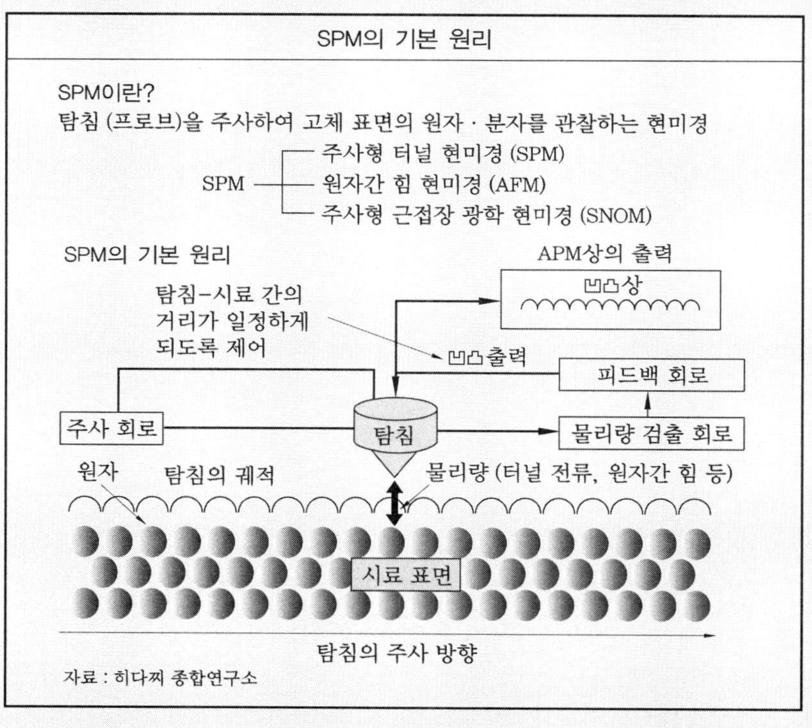

④·② 고분자 나노 박막

나노미터 스케일의 두께를 가진 고분자 나노 박막을 재료 표면에 구축하는 것은 재료의 표면을 수식한다는 의미에서 뿐만 아니라, 미소한 공간에 분자 레벨의 기능을 집적시킬 수 있는 화학적 묘미가 있다. 여기서는 고분자 나노 박막을 조제하기 위해 최근에 개발된 교차 흡착법(교차 적층법이라고도 한다)을 소개하면서 재래법과의 차이, 획득되는 박막의 구조 및 기능에 대하여 기술하겠다.

다양한 고분자로 구성되는 나노 박막을 고체 표면에 조제하는 것은 고체 자체가 가지는 본래의 역학적 특성을 변화시키지 않고 외부 환경과 접하는 표면 기능만을 변조할 수 있는 데에 매력이 있다. 또 상황에 맞는 기능을 이 나노 박막에 적극적으로 도입할 수 있다면 일렉트로닉스, 센싱, 분리·투과, 생의학 등 재료 분야에 광범위하게 응용할 수 있는 신소재를 창제할 수 있다.

고분자 나노 박막을 만드는 종래의 법으로는 용액 캐스트법 혹은 스핀 코트법 및 딥 코팅법 등이 있다. 이 기법들은 모두 용액과 고체 기판만 있으면 특별한 장치 없이 쉽게 할 수 있는 간편한 기법이다. 박막에 관해서도 고분자와 기판의 종류에 따라 영향을 받기는 하지만 제막 조건을 검토하기에 따라 나노미터 스케일의 제어가 가능하다. 또 균일한 박막을 얻기 위해 전자의 기법에서는 기판이 평탄해야 하는 것이 필수적이다. 그러나 후자는 용액에 침지하는 (담그는) 프로세스를 사용하기 때문에 기판의 형상에 영향을 받지 않는다. 이렇게 설명하면 위의 재래법으로도 충분히 대처할 수 있을 것으로 생각되지만 사실은 그렇지 않다. 재래법으로는 막 제조를 고분자 사슬 레벨에서 보다 치밀하게 제어하기가 (조성의 3차원 제어와 컨퍼메이션 규칙 등) 어렵다.

교차 증착법은 재래법과는 전혀 다른 발상에서 개발된 새로운 제막

기술이다. 이 기법은 용액 속의 고분자를 자발적으로 기판 위에 단층 흡착시킴으로써 제막한다. 이때 단일 고분자 용액에 담그는 것만으로는 단층흡착 이상으로 흡착되지 않는다. 그래서 고분자 간 상호작용이 작용하는 2종류의 고분자 용액을 마련하여, 그 용액에 기판을 교차로 침지함으로써 축차적으로 적층해 나간다.

일반적으로 사용되는 상호작용은 카티온(cation)성 고분자와 아니온(anion)성 고분자 사슬의 정전 상호작용이며, 결과적으로 형성되는 폴리이온 콤플렉스가 박막화된다(그림 4-5).

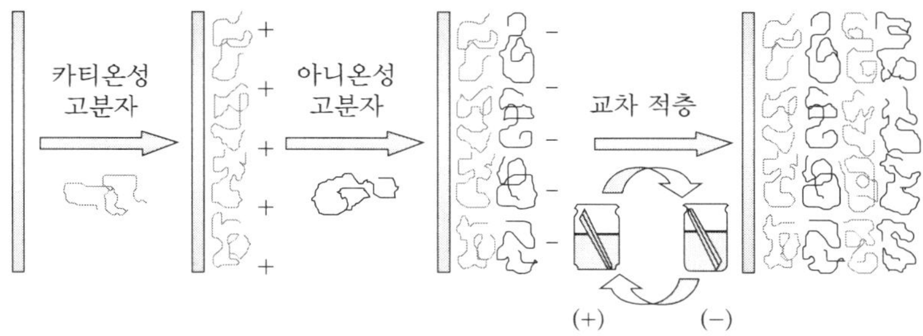

그림 4-5 **폴리이온 콤플렉스 형성을 구동력으로 한 교차 흡착막의 생성**

각각 카티온 및 아니온 전하를 갖는 고분자 수용액을 혼합하면 곧바로 폴리이온 콤플렉스가 형성되어 희뿌옇게 변하는 것으로 알려지고 있다. 교차 흡착법은 이와 같은 물에 녹지 않는 고분자 콤플렉스를 2차원 평면에서 1층식 적층시킴으로써 다층 구조를 갖는 나노 박막을 작제한다. 따라서 획득한 박막을 물속에 담가도 박리되지 않고 안정적으로 기판 위에 존재한다.

실제 적층에서는 수용액에 기판을 담군 후에 여분의 고분자를 제거하기 위해 물로 기판을 세척하여 강하게 결합한 고분자만을 기판 위에 남긴다. 손볼 일은 (흡착의) 직전에 정전·흡착시킨 고분자가 가진 잉여(상호작용에 관여하지 않았던) 전하이다. 즉 박막 안쪽의 카티온 및 아니온 전하는 모두 상쇄되지만 바깥층에만 최후에 흡착시킨 고분

자 유래의 전하가 존재하게 된다. 이것을 반복함으로써 고분자 전해
질 다층막이 형성된다(그림 4-6).

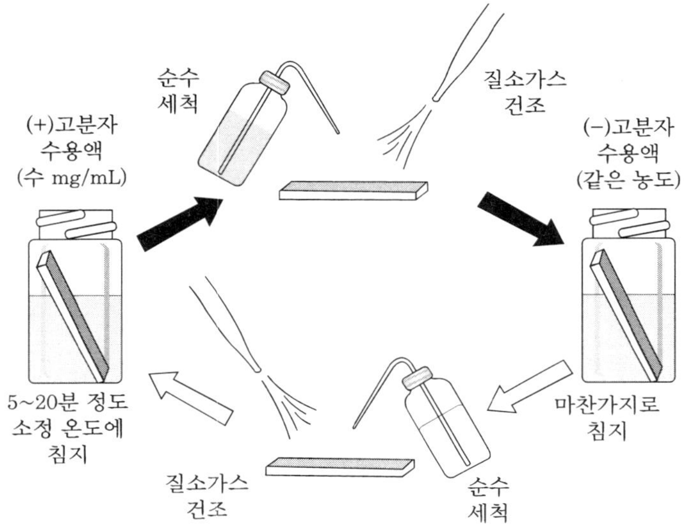

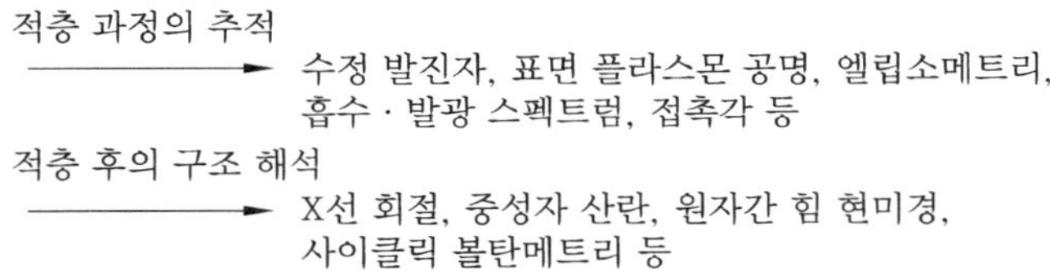

그림 4-6 **교차 흡착의 방법과 조제한 나노 박막의 구조 해석**

교착 흡착법에는 재래법에는 없는 많은 장점이 있다. 첫째는 고분
자 사슬 레벨의 막 두께 제어를 할 수 있는 점이다. 각 고분자 수용액
에 담구는 회수, 즉 고분자의 단층흡착층의 스케일로 박막 두께를 제
어할 수 있다. 일반적으로는 적층 횟수를 거듭하여 10~100 nm 정도
의 평균 막 두께를 갖는 박막이 많이 사용되고 있는 추세인 것 같다.
두 번째는, 적층시키는 고분자 사슬의 컨퍼메이션을 변화시킬 수

있는 점이다. 예를 들면 고분자 전해질 수용액에 소정의 무기염을 첨가하면 1층당의 막 두께가 증가하는 사실이 밝혀졌다. 무기염의 존재로 인하여 고분자 사슬 내의 정전반응이 완화되고, 결과적으로 실뭉치 상태로 된 고분자 사슬이 흡착한 것 때문에 막 두께가 증가하게 된다. 이와 같은 구성 고분자 사슬의 컨퍼메이션 제어는 나노 박막에 기능을 부여할 때 중요하다.

세 번째는, 단백질 등의 생체 고분자를 위시한 다양한 나노 박막을 조제할 수 있는 점이다 (그림 4-7). 보통 단백질 표면에는 용약 pH에 의존한 전하가 존재하므로 반대 전하를 가진 고분자와 조합함으로써 제막이 가능하다. 폴리아니온인 핵산도 마찬가지다. 구조 제어된 나노 박막을 만드는 기법으로는 Langmuir Broject (LB)법이 유명하지만, 이와 같은 수용성 고분자를 LB법에 적용하는 것은 매우 곤란하다. 따라서 많은 수용성 고분자의 나노 박막을 조제하는 일반적인 기법으로 교차 흡착법을 적용할 수도 있다.

네 번째는, 용액에 침지하는 프로세스에 의해 제막되기 때문에 평탄한 기판뿐만 아니라, 콜로이드 입자나 복잡한 형상의 재료 표면에도 적용할 수 있는 점이다. 특히 콜로이드 입자에 대한 교차 흡착에서는 후에 코어가 되고 있는 콜로이드 입자를 제거함으로써 중공 스페어를 얻을 수 있으며 재료 소재로서의 가능성을 크게 열어 놓고 있다.

다섯 번째는, 정전 상호작용뿐만 아니라 다른 고분자 사슬 간 상호작용도 이용할 수 있는 점이다. 이미 반데르발스 상호작용, 전하 이동 상호작용, 수소결합을 구동력으로 한 교차 흡착도 알려져 있다. 또 같은 기법을 고분자 사슬 간의 축차적인 공유결합 형성에 이용한 박막 조제도 보고된 바 있다. 이제까지의 여러 기법 외에도 기법의 용이성과 고분자를 과학하기 위한 소재로서의 재미 등이 있다.

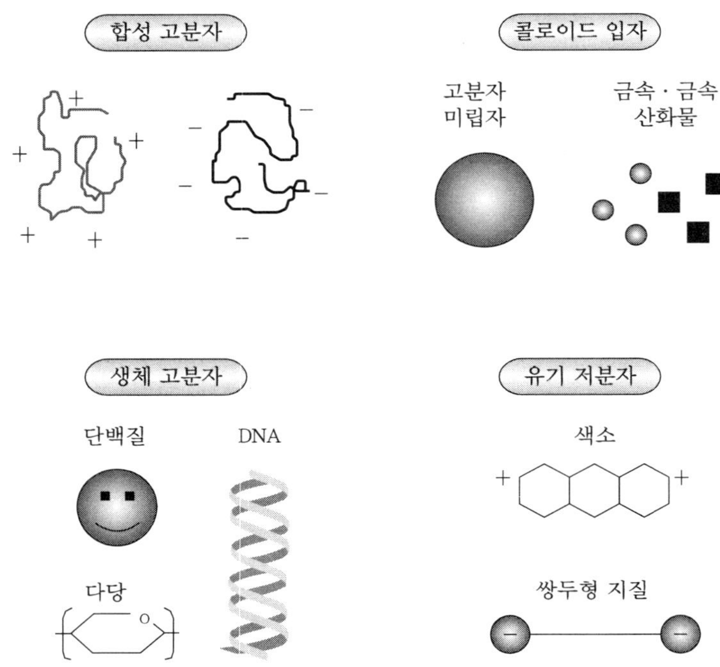

그림 4-7   **교차 흡착법에 적용 가능한 분자종**

이와 같은 박막의 나노 구조 제어를 바탕으로, 막 표면의 고분자 사슬 1층분의 조성과 전하 밀도 혹은 막 내부에 조합하는 고분자의 종류에 따라 신소재를 창출하기 위한 연구가 있다. 예를 들면 전자재료 (도전성 고분자, 전기화학 활성 단백질, 고분자 사슬 간 전하 이동, 2차원 패턴화 막), 광기능 재료 (광흡수, 발광, 광이성질화, 광비반사, 광화학 반응), 바이오 센서 (항원 · 항체반응, DNA 2중 사슬 형성, 당사슬 −렉틴 (lectin) 상호작용, 효소반응), 의용 재료 (단백질 흡착, 세포 접착, 혈액 응고, 가수분해, 생리활성 펩티드의 고정화, 저분자 화합물의 담지와 방출, 재료 표면의 친−소수 제어), 막 재료 (물질 투과, 분리, 적출)에 응용하기 위한 연구가 이미 시작되었다.

교차 흡착법은 1991년에 개발한 비교적 새로운 기법이다. 하지만 세계 각국 학자들의 연구 대상이 되었으므로 20년도 지나지 않아 비약적인 발전을 이루었으며, 현재 기초적인 제막 조건의 검토 등이 거의 끝났다고 믿어진다. 이제는 이와 같은 많은 기초 지식을 발판으로 보다 복잡하고 또 유용한 나노 박막재료를 창제하는 단계에 와 있다.

또 최근에는 이 박막 중에서 화학반응과 고분자를 중합하는 발전적인 시스템까지 발명하였다고 한다. 나노미터 스케일의 세계에서만 발현이 가능한 새로운 기능이 교차 흡착막을 통하여 발견되어 많은 분야에 파급되는 신소재가 탄생하기를 기대한다 (세리자와 다께시/도쿄대학교수).

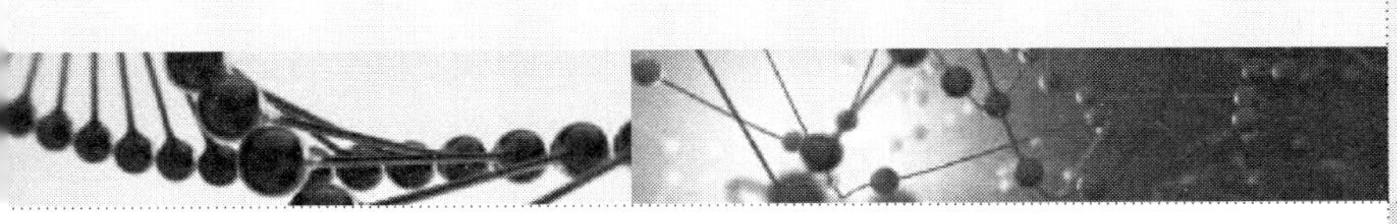

제 5 장

고분자 나노재료의 캐릭터리제이션

5·1 머리말

　이 장에서는 고분자 나노재료를 평가하기 위한 고분자 나노계측의 의미와 중요성 그리고 고분자 재료에 적합한 계측·평가 기술에 대하여 설명하겠다.

　앞 장까지 보아온 바와 같이 한마디로 고분자 재료라고 하지만 그것은 매우 다양하다는 것을 알았으리라 믿는다. 또한 고분자 나노재료를 평가하고 더 나아가서는 고분자 나노테크놀러지[1]를 추진하기 위한 방법에도 매우 많은 버라이어티가 있다. 2000년도에 일본의 화학기술전략추진기구가 중심이 되어 산·학·관의 연구자가 작성한 재료 평가기술 로드맵[2]에는 이제부터 필요한 평가 도구로 원소식별 이미징, 3차원 영상 구조 해석, 주사형 프로브 현미경 (SPM), 고분해능 현미분광 (적외·라만), 초고분해능 고체 NMR, 초소각 (超小角) X선 산란 등을 들고 있다.

　이와 같은 계측 도구들은 현재로서는 대부분 완성되지 못한 것이 사실이다. 그러므로 장차 그 개발 진전에 많은 노력을 필요로 한다. 이들 도구들이 고분자 나노테크놀러지의 핵심 테크놀러지가 된다는 것은 의심의 여지가 없으므로 현실과 장래 과제를 여기서 정리하여 보는 것도 뜻있는 일이라 생각된다.

　그림 5-1은 이와 같은 계측 도구를 크게 세 부분으로 나누어서 그 계측 범위를 기록한 것이다. 고분자 나노재료는 이미 보아온 바와 같이 폴리머 나노 알로이, 폴리머 나노 콤퍼짓 등 나노 스케일 불균일계가 많으므로 3차원 나노계측, 나노 물성 평가, 나노 스펙트로스코피로 나누어 고찰하는 것이 타당할 것 같다.[3]

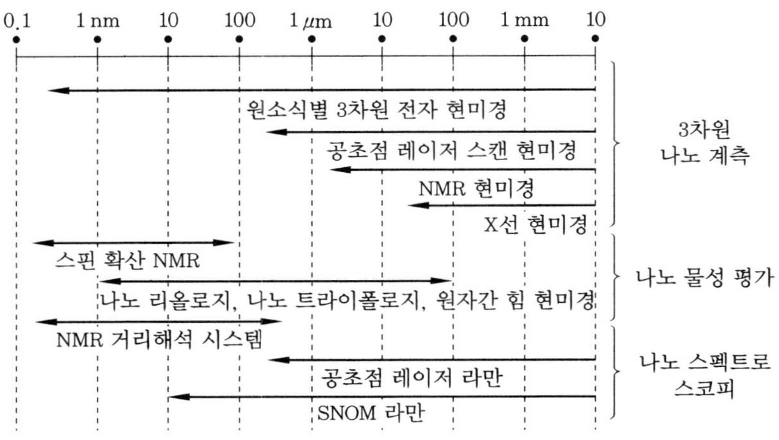

그림 5-1 **고분자 재료 평가기술의 분류와 그 계측 범위**

고분자 나노재료 개발에서는 3차원 고분자 나노 물질의 구조를 나노 스케일로 제어하지 않으면 안 되므로 우선 nm 오더로 정량적으로 3차원 관찰을 해야 한다. 다음에 그 불균일한 각 부분에 무엇이 존재하는지 분광할 필요가 있다. 그리고 최후에 나노 스케일로 물성을 평가하지 않으면 나노재료로서의 가치를 발견하기 어렵다.

3차원 나노 계측이란 용어 그대로 오늘날에 와서는 구조 관찰은 3차원성을 필수 조건으로 하고 있다. 그림 5-1에서 보는 바와 같이 3차원 관찰을 가능하게 하는 기술로는 4가지 방법이 있으나 진정한 의미에서 나노 스케일 관찰을 실현할 수 있는 예로 3차원 전자 현미경을 들어 5·2절에서 해설하기로 하겠다. 그 밖의 3가지 방법도 수십 nm에서 마이크로 정도의 분해능으로 각각 특징을 살린 많은 진전이 있지만 그 상세는 다른 도서를 참고하기 바란다.

3차원 전자 현미경은 에너지 필터를 병용함으로써 원소도 식별할 수 있으므로 앞서 기술한 로드맵의 최초 두 조건을 동시에 충족시킨다. 5·3절에서는 보통은 표면의 나노 스케일 형상 매핑 도구로 인식되고 있는 원자간 힘 현미경을 '나노 물성 평가' 도구로 이용이 가능한지를 모색한 일본 도쿄 공업대학의 니시도시오, 나까시마 겐 두 교수의 최근의 연구 사례를 소개하겠다.

또 소프트 머티리얼 관찰에 빈번하게 사용되는 태핑 모드 AFM 이용 시 주의하여야 할 노하우적 측면도 다루겠다. 끝으로 '나노 스펙트로스코피'로서, 종래의 광학계와 분광 장치를 결합한 이른바 현미 분광법을 능가할 가능성이 큰 주사형 근접장 광학 현미경 (scanning nearfield optical microscop : SNOM)에 대하여 기술하겠다.

5·2 원소 식별형 3차원 전자 현미경[4)]

독자 여러분들은 그림자 인형극을 관람한 적이 있었을 것이다. 흰 스크린 뒤편에서 조작하는 인형극을 빛으로 투영된 영상으로 감상하는 환상의 세계라 할 수 있다. 두 손바닥을 합쳐서 만들어내는 온갖 동물들의 형상이 신기하게만 생각되었던 어릴 적 기억이 생생하다.

이 놀이는 어떤 형체를 스크린을 통해서 보는 데 목적이 있다. 그렇다면 그 반대 상황, 즉 스크린을 통하지 않고서는 그 형체를 포착할 수 없는 상황은 어떻겠는가. 그 원래의 형체를 재현하고 싶은 것은 당연하다. 예를 들면 스크린 뒤쪽에 있는 삼각형이 투영되었다고 하자. 그 영상만으로는 그것이 삼각 기둥인지 삼각의 추인지 또는 원추를 바로 옆에서 본 것인지를 판별할 수 없다. 하지만 그것을 한 차례 스크린 뒤쪽에서 회전시켜 주면 그 형체를 머릿속에서 상상하여 그려 보는 것이 용이하다. 인간이 머릿속에서 상상하고 있는 이 계산과 같은 일을 컴퓨터로 하여금 대행시킬 수 있다. 이것이 바로 컴퓨터 토모그래피 (CT)이다.

그림자 인형극의 경우는 외형만이 문제가 되지만, 반투명으로 내부 구조에 불균일성이 있는 물체 속을 투과해 온 투영상에 관해서도 다소 복잡하기는 하지만 원래의 3차원 정보를 재구성할 수 있다. 수학적으로는 라돈 변환이라는 어떤 종의 적분 변환을 통하여 투과상과 3

차원 물체의 단면상은 서로 푸리에 변환 관계에 있는 것을 알 수 있다. 여기서는 그 수학적인 상세는 언급하지 않겠지만 의료 현장에서 이미 실용되고 있는 X선 CT와 NMR–CT(보통 MRI로 통칭되고 있다)가 그 원리를 이용하고 있다는 것을 예로 든다면 직감적으로 이해할 수 있으리라 믿는다. 이와 같은 기법에 의하면 전방위에서 투영 영상을 얻어 컴퓨터에 의해서 단면상으로 재구성한다.

중요한 것은 측정 대상인 데이터가 띤 투과상인가 하는 사실이다. 높은 투과능의 X선이라면 가시광에 대하여 불투명한 경우가 많은 고분자/충전제계에도 응용이 가능하지만, X선 CT의 현실적인 공간 분해능은 약 $2\,\mu m$이므로 고분자 나노재료에 적용하기에는 어떠한 브레이크 스루(break through)를 필요로 한다.[5]

한편, 분해능이 nm 이하인 물질의 투과상을 획득하고자 하는 경우에는 투과 전자 현미경(transmission electron microscope : TEM)이 적합하다. 전자선의 투과능은 그다지 높지 않기 때문에 시료를 초박절편(超薄切片 : 수백 nm 정도)으로 잘라낼 필요가 있으며, 예를 들면 마이크로 상분리 구조 등을 가시화할 수 있는 이 분해능으로 CT 기술을 응용할 수 있다면 '3차원 나노 계측'을 실현할 수 있다.

이 CT와 TEM을 결합한 3차원 전자 현미경(transmission electron microtomography : TEMT)은 사실 생물 분야에서 진작부터 검초토했었다.[6] 금속·반도체 분야에서도 나노테크놀러지와 결부하여 최근 주목받기 시작하였다.[7] 전자 현미경은 예컨대 그 전자의 가속 전압 높이에 따라 생물용, 소프트 머티리얼용, 금속·반도체용으로 나누어지듯이 3D–TEMT도 각각 특화된 노하우가 필요하며 적어도 고분자계에 응용한다는 의미에서는 아직 더 연구가 이어져야 할 단계에 있다. 가속 전압은 물론 분해능과도 깊은 관련이 있으므로 가급적 높게 하는 것이 바람직하지만 시료에 대한 손상 문제를 방지하기 위해 최적화가 필요하다.

대물 렌즈 등 광학계의 설계지침도 시료를 회전시킬 필요성과 균형

을 맞추어 결정하여야 한다. 예를 들면 두께 수백 nm의 시료를 60°
회전시킨 경우에 시료의 두께는 본래 두께의 2배로 되어 투과능이 낮
은 전자선의 경우 이 효과는 크다. 이와 같은 이유도 있어 평면적인
초박절편(超薄切片) 시료로는 전방위의 투영 영상을 획득하기가 불
가능하므로 재구성에 관해서도 어떠한 대책이 필요하다. 이제까지의
문제점 및 해결법, 잔존 문제들에 대한 상세는 문헌 4) 및 8)을 참고
하기 바란다.

이제 이 3D-TEMT의 실용례인데, 제2장에서도 기술한 마이크로 상
분리계의 공연속 구조라고 하는 구조가 과연 ordered bicontinuous
double diamond (OBDD)구조인가, 아니면 ordered bicontinuous double
gyroid (OBDG) 구조인가를 동정하는 데 성공한 예가 있다.[9,10] 그림
5-2 (a)에 보인 것은 스티렌-이소프렌-스티렌 트리블록 코폴리머의
보통 TEM 투과상인데[11] 복잡한 공연속 구조를 반영하여 그 투영상은
매우 복잡하게 된다. 따라서 이 영상으로 3차원 공간의 참 구조를 추측
하기는 어렵다.

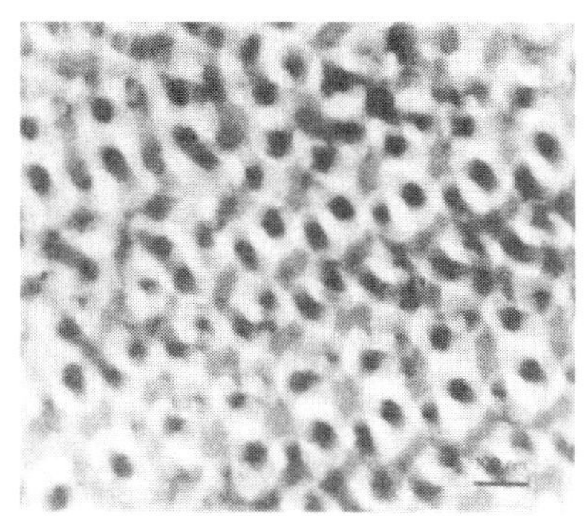

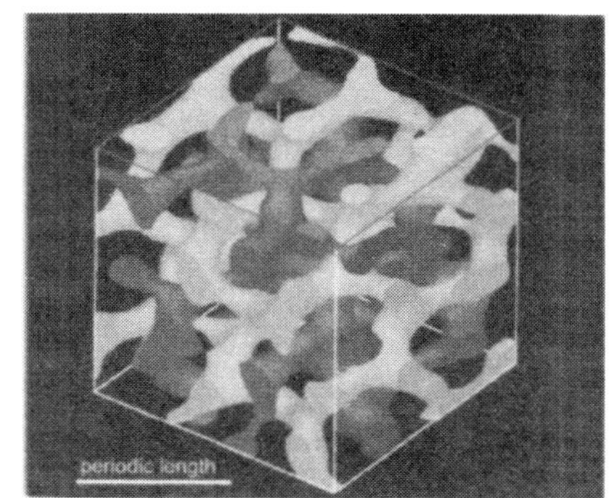

(a) 보통 2차원 TEM 사진[11]　　　(b) 3D-TEMT로 측정하여 재구성한 것[9]

그림 5-2　스티렌-이소플렌-스티렌 트리블록 코폴리머의
공연속 마이크로 상분리 구조

한편, 그림 5-2 (b)는 같은 시료를 3D-TEMT로 측정한 후에 3차원으로 재구성한 것이다. 서로 교차하지 않는 백색과 회색상은 스티렌 부분이고, 나머지 투명부분이 이소플렌 부분이다. 이 구조가 3분기(分岐)로 구성된 네트워크 구조, 즉 OBDG 구조인 것은 그림으로 분명하다.

일단 컴퓨터로 재구성하고 나면 이후는 여러 가지로 해석할 수 있다. 예를 들면 3차원 구조 내부로 침입하여 결함의 존재 등을 확인할 수 있다 (그림 5-3 (a)). 또 3차원 세선화(細線化) 처리라고 하는 네트워크의 골격을 추출하기 위한 알고리즘 (algorithm)을 채용하면[12] 원 영상에서는 명확하지 않았던 그레인 (grain)의 경계가 존재하는 것을 알 수 있다 (그림 5-3 (b)). 이 예 등은 2차원 영상만을 얻고서는 결코 획득할 수 없는 정보이다.

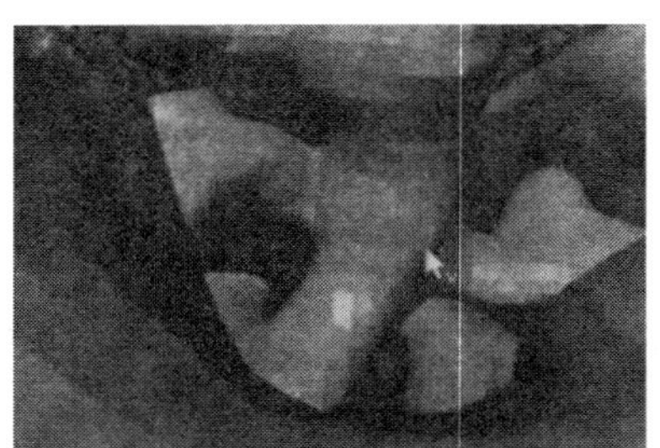

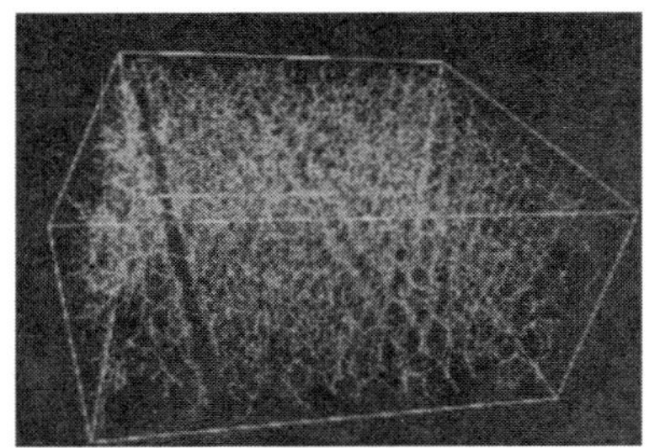

(a) 공연속 미크로 상분리 구조 내부의 모습. 오른쪽 위에 결함이 존재하고 있다.

(b) 3차원 세선화 처리를 거친 마이크로 상분리 구조. 그레인의 경계가 가시화되어 있다.

그림 5-3

3D-TEMT의 수요는 이제부터 더욱 늘어날 것으로 전망된다. 예를 들면 졸겔법 (sol-gel process)으로 작성한 실리카의 메소홀 관찰,[13] 고무 중의 카본블랙 분산상태의 관찰,[14] 그림 5-4에 그 재구성 영상을 보인 결정성 고무/크레이 나노 콤퍼짓 관찰[15] 등 고분자 나노재료의 관심주가 속속 관찰되고 있다. 금후의 전개로서는 가까운 장래 에

너지 필터를 탑재시켜 염색 없이 그대로 시료를 관찰할 수 있을 것으로 전망된다.

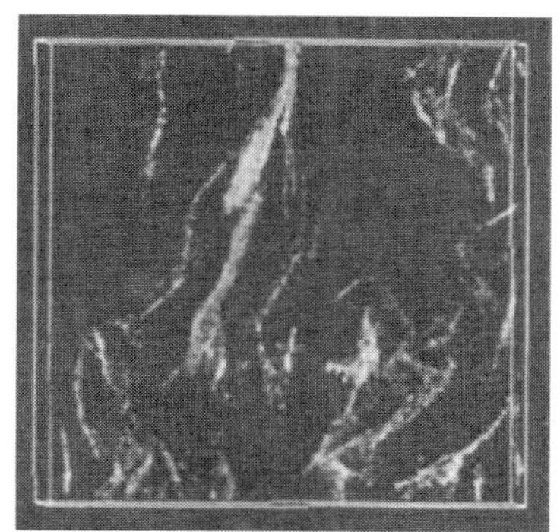

그림 5-4　에틸렌 아세트산 비닐 공중합체/몬모릴로나이트
나노 콤퍼짓의 3D-TEMT 재구성 영상[15]

컬럼   주사형 터널 현미경 (STM)의 원리

주사형 터널 현미경 (scanning tunneling microscope : STM)은 1981년 스위스 취리히 IBM 연구소의 빗히와 로라에 의해서 발명되었다. 이것은 '터널 효과'를 이용한 현미경으로 시료 표면에 늘어선 하나하나의 원자를 관찰할 수 있다. 원자의 크기는 수 Å이므로 1 mm의 1억분의 1 이하라는 극미소 세계를 볼 수 있다.

이토록 작은 것이 어찌하여 보이는 것일까? 그 원리를 간단하게 소개하면 다음과 같다. 즉 STM은 선단이 매우 날카로운 금속침(탐침 또는 프로브라 한다)을 사용하고 있다. 이 탐침을 관찰하고자 하는 시료 표면에 접근시킨다. 탐침과 시료 사이에 전압을 인가하면서 $1\,\mu m$ (1 mm의 100만분의 1) 정도까지 접근시키면 검출 가능한 정도의 터널 전류가 흐르기 시작하고, 더욱 접근시키면 전류가 증가하고 멀리하면 감소하게 된다.

따라서 터널 전류를 물리량으로 검출하여 전류값이 일정하게 되도록 탐침 위치를 제어하면서 시료면을 따라 TV의 주사선처럼 탐침을 이동시켜 나가면, 탐침의 움직임을 시료 표면을 덧그리듯이 그려낼 수 있다.

탐침 선단이 1원자 정도로까지 뾰족하다면 그려내는 요철도 1원자 정도까지 분해할 수 있다. 굳이 비유한다면 손끝으로 표면의 거칠함을 조사하는 것과 비슷하다. 손끝이 원자 1개가 받는 힘을 느낄 수 있다면 표면 원자의 배열 상태를 덧그리면서 검출할 수 있다는 뜻이다.

그럼 이처럼 미소한 탐침의 움직임을 어떻게 실현하고 있을까? 그것은 피에조 (piezo) 소자라는 압전 특성을 가진 세라믹 재료를 사용하여 실현하고 있다. 특성이란, 전압을 인가하면 늘어나기도 하고 수축되기도 하는 성질을 이른다. 예를 들면 소리를 내는 부저와 시계에 사용되고 있는 수정 등에도 압전 특성이 응용되고 있어, 전압을 가하여 물체를 기계적으로 진동시킨다. 이 피에조 소자 선단에 탐침을 고정하여 시료면에 접근시켜 주사하면 원자 레벨의 거리에 반응하여 흐른 전류의 변화가 전압의 변화로 되어 탐침을 진동시킨다.

  그림은 STM을 사용한 관찰 예이다. 이것은 실리콘 표면 위에 갈륨 (Ga)원자를 일렬로 배열한 모델의 STM 상이다. 갈륨원자 하나하나를 분명하게 식별할 수 있다.

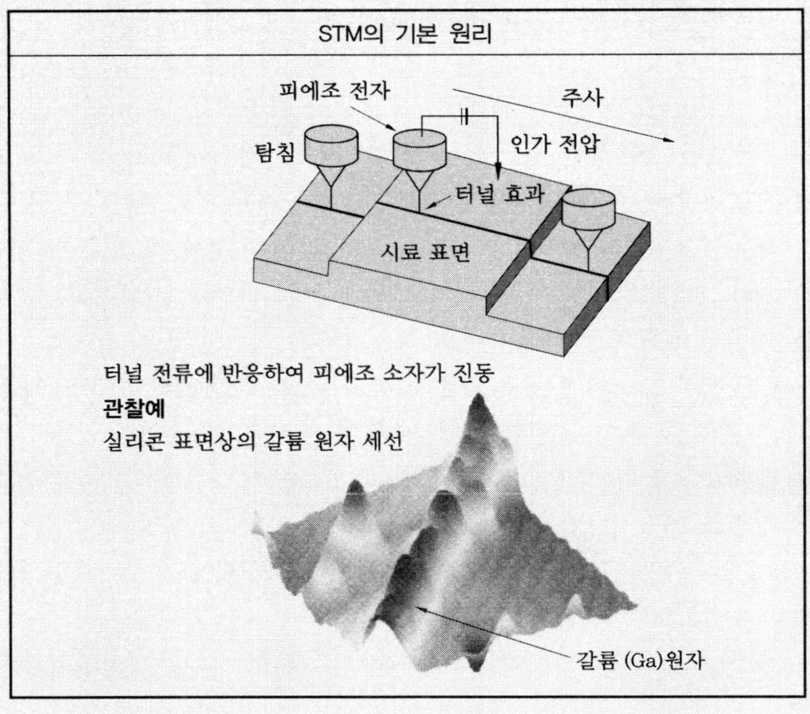

5·3 원자간 힘 현미경

(1) 원자간 힘 현미경에 대하여

원자간 힘 현미경 (AFM)의 도입 부분에 관해서는 설명을 하지 않더라도 나노 스케일을 운운하는 사람이라면 AFM을 모르는 사람은 없을 것이다. 그러므로 여기서 복습하는 의미에서 설명을 최소한으로 줄이도록 하겠다. AFM은 그 대표적인 조작방법으로 콘택트 모드, 태핑 모드 (혹은 다이내믹 모드, AC 모드라고도 한다)가 있다. 전자는 비교적 유연한 캔틸레버 (cantilever)를 사용하여 글자 그대로 콘택트하면서 시료 표면을 덧그리는 방법이고, 후자는 비교적 단단한 캔틸레버를 그 공진점 근방의 주파수로 공진시켜 부분적으로 시료를 탭 (두들기다)하면서 표면을 덧그리는 방법이다. 이 탭 (tap)하는 방법 때문에 시료의 가로 방향 변화를 억제할 수 있고, 후술하는 또 한 가지 본질적인 이유와 더불어 결과적으로 매우 약한 힘으로 표면을 덧그릴 수 있다. 이 때문에 유기 분자와 고분자 등의 소프트 머티리얼, 생체 관련 물질 관찰에 위력을 발휘한다.

생체 관련 물질이란 말이 나온 김에 지적해 두겠는데, ATM의 매력은 그 관찰 환경이 풍부함에 있다. 전자 현미경 등과 같이 초고진동을 필요로 하는 경우와는 달리 대기 중에서나 어떠한 액체 속에서 또는 특수한 가스 분위기 속에서도 관찰이 가능하다. 따라서 표면에서 발생하는 물리적·화학적 변화를 즉석에서 관찰할 수 있는 가능성을 제공한다.

콘택트 모드, 태핑 모드 외에 논콘택트 모드, 포스 모듈레이션법 (유사한 방법으로 주사형, 점탄성 현미경이 있다) 등이 있는데, 전자는 대부분의 경우 초고진공 속의 관찰에 이용되기 때문에 소프트 머티리얼에 국한하여 적용을 말한다면 별로 중요하지 않다고 할 수 있다.

후자에 관해서는 태핑 모드와의 차이에 관하여 흥미로 논의를 전개하는 것도 가능하지만 이 책에서는 지면 관계상 생략하기로 하겠다. 하지만 그 본질적인 부분은 태핑 모드에 관한 논의에서 다룰 예정이므로 이해하기 바란다.

각론으로 진행하기 전에 캔틸레버에 관하여 몇 가지 설명을 하겠다. 먼저 공간 분해능은 일반적으로 캔틸레버 선단에 장치된 탐침 선단의 곡률 반지름에 의존한다. 그 때문에 초미세 가공기술로 형성되는 실리콘 혹은 질화 실리콘의 선단 (수 nm에서 수십 nm)으로는 불만족하므로 카본 나노튜브 (CNT)를 탐침 선단에 부착하고, 그것을 프로브로 하는 것이 큰 기대를 모으고 있다. CNT 탐침은 내마모성도 높고 재료의 신뢰성을 시험하는 경우에도 필요하다. 그런데 일반적으로 유기 분자로 분자 분해능을 얻기는 매우 어렵다. 도전성 시료나 도전성 기판상의 초박막이라면 STM으로 그것을 실현할 수 있지만 적용 범위가 국한된다.

이제까지는 AFM으로 분자 분해능을 발휘하려고 하면 콘택트 모드가 주류였다. 하지만 「*Applied Physics Letters*」의 2004년 4월 5일호에 실린 비코사의 Magonov 등의 논문에는 플라스마를 이용한 방법으로 Si 탐심상에 형성한 카본의 미소 돌기를 사용하면 태핑 모드로도 분자 분해능이 실현되었다고 한다.[16] 앞으로 이 흐름이 확산될 가능성이 크다.

캔틸레버 자신의 특성으로서는, 캔틸레버의 스프링 상수 k_c와 공진 주파수 f_c에 흥미가 있다. 이것들은 캔틸레버 재질로 결정되는 양 (영률과 밀도)과 캔틸레버의 기하학적 형상으로 결정된다. 예를 들면 단책상 (너비 w, 길이 l, 두께 d)의 캔틸레버의 경우는 영률을 E, 밀도를 ρ로 하면

$$k_c = \frac{wd^3}{4\,l^3}E, \ f_c = 0.56\frac{d}{l^2}\sqrt{\frac{E}{12\rho}} \tag{5.1}$$

로 주어진다. 즉 각 양은 독립적이 아니다. 예를 들면 캔틸레버를 유연하게 하려면 영률을 떨어뜨리면 된다. 하지만 이렇게 하면 공진 주파수도 떨어지므로 주사 속도가 증가하였을 때에 피드백의 추종이 나쁘게 된다.

이 기본적인 이치를 올바르게 이해하여 응용한 것이 일본 가네사와 대학의 안또도시오 교수 등이 개발한 고속 AFM이다.[17] 그들의 AFM으로는 한 장의 영상을 얻는 데 1초도 걸리지 않는다. AFM에 대한 이제까지의 상식을 뛰어넘는 획기적인 방법이었다. 그들은 공진 주파수를 떨어뜨리지 않고 스프링 상수를 낮게 하기 위해 작고 엷은 캔틸레버를 자작하였다. 사실 캔틸레버를 작게 하려는 경향은 고속화의 흐름과는 별도로 S/N를 높이려는 방향에서도 연구가 활발하게 진행되고 있다. 예를 들면 올림푸스사가 제공하고 있는 바이오레버 등이 그 좋은 예로, 10 pN/nm 이하의 캔틸레버로 PN 레벨의 힘 측정을 충분한 S/N로 할 수 있다.

다음으로 이 스프링 상수 문제에 대하여 예상 외로 간과하기 쉬운 그 크기에 관하여 고찰하여 보자. 보통 크기가 0.01 N/m에서 10 N/m까지 4자릿수에 이르는 스프링 상수가 존재한다. 콘택트 모드이면 우선은 1 N/m 정도의 캔틸레버를 많이 사용할 것이다. pN이나 nN의 매우 작은 힘의 측정을 가능하게 하는 AFM이라면 이 값은 일상의 감각에 비하여 믿어지지 않을 정도로 작은 숫자임에 틀림이 없다고 생각될지 모른다. 하지만 그렇지는 않다. 예를 들면 우리의 생활 환경에서 곧잘 목격하는 스프링 저울, 1 g 무게의 추를 매달면 1 cm 늘어난다고 치자. 이것의 cgs 단위를 MKS 단위로 환산하면 0.1 kg 무게에 1 m 늘어난 것이 된다. 중력 가속도를 10 m/s^{2}으로 하면 결국 1 N으로 1 m 늘어난다. 즉 스프링 상수는 1 N/m이다. 따라서 캔틸레버의 스프링 상수의 크기는 일상적으로 경험할 수 있는 오더의 것임을 알 수 있다.

그럼 왜 매우 미소한 힘 측정이 가능한가. 해답은 단순하다. 즉 나노미터 스케일의 분해능으로 캔틸레버의 뒤집힘을 측정할 수 있기 때문이다. 1 N/m의 캔틸레버로도 1 nm의 변위를 측정할 수 있다는 것은 1 nN의 힘을 측정할 수 있다는 것을 의미한다. AFM의 고감도성의 이유가 바로 여기에 있다. 또 이 캔틸레버의 스프링 상수 값이 일상적인 감각과 그다지 벗어나지 않는 것은 뒤의 설명에서도 매우 중요하므로 기억하여 두기 바란다.

이상 분해능, 스프링 상수, 공진 주파수에 관하여 최첨단의 사례를 간단하게 소개하였는데, 재료분석 현장에서는 고가의 캔틸레버를 사용하거나 소망하는 특성을 가진 캔틸레버를 손수 제작하는 것은 아마도 어려울 것으로 생각된다. 또 이미 시판되고 있는 범용 캔틸레버도 많은 베리에이션이 있지만 그것이 의외로 알려지지 않고 있다.

한 가지 상징적인 이야기를 부가하겠다. 카탈로그들을 보면 이 탐침은 콘택트 모드용, 이 탐침은 태핑 모드용이라 기술되어 있는 경우가 많다. 그러나 그 차이는 극히 상대적인 것일 뿐이다. 태핑용이라 기록되어 있는 캔틸레버를 콘택트 모드에서 사용해서는 안 된다는 것은 아니다. 좌우간 자신이 분석하고자 하는 재료에 맞추어서 보다 유연하게 선택하는 것이 중요하다. 이 항의 모든 부분에서 '비교적 유연한'이라고 기술한 것도 이 점을 강조하기 위해서였다. 이 이야기도 나중에 다시 언급하겠다.

(2) 물성을 평가하는 도구로서의 AFM

보통 AFM은 표면의 요철 정보를 획득하기 위한 현미경으로 이용된다. 한편 저자 등은 이것을 소프트 머티리얼 표면의 역학물성을 평가하기 위한 수단으로 정하여, 소프트 머티리얼에 특화된 형태로 새로운 측정법·평가법을 개발하려 하고 있다 (나노 리올로지,[18] 나노 트라이볼로지,[19] AFM). 이 항에서는 먼저 시판되는 장치로도 평가가 가능한 포스 커브 (force curve), 프릭션 루프 (friction loop)에 의한 역학물성 측정에 관하여 기술하고, 후반에 나노 리올로지 (nano rheology) AFM의 개략을 설명하겠다.

① 포스 커브 측정

포스 커브 (force curve) 측정은 보통 AFM의 오퍼레이션으로는 캔틸레버의 뒤로 젖힘과 시료를 높이 방향으로 움직이기 위한 피에조 소자 간의 교정을 하기 위해 실행한다. 캔틸레버를 시료 표면에 수직 방향으로 이동시키면서 캔틸레버의 젖힘을 모니터링하는 셈이다. 캔틸레버의 젖힘에 캔틸레버의 스프링 상수를 곱하면 pN에서 nN 오더의 힘으로 변환되므로 포스 커브 (정확하게는 포스 디스턴스 커브)라고 한다. 그림 5-5에 모식적으로 제시한 바와 같이 시료가 충분히 딱딱하고 접촉 때에 캔틸레버만이 뒤로 젖히는 경우에는 직선적인 변화만 관측된다.

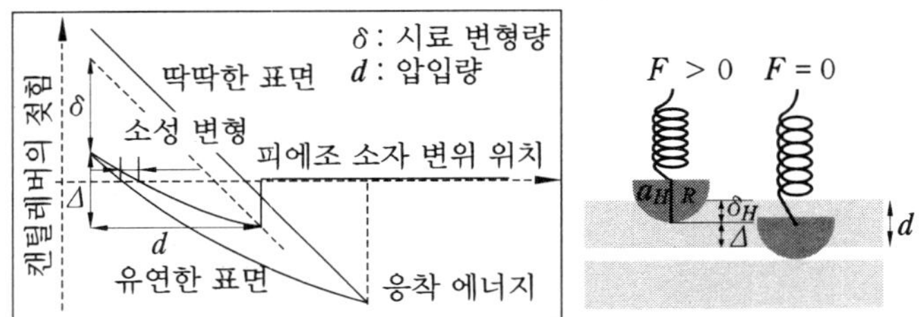

그림 5-5　**딱딱한 표면과 유연한 표면에 대한 포스 커브의 개념도**

그러나 소프트 머티리얼의 경우는 어떻게 될까? 그림에서 유연한 표면으로 표시된 커브는 곡선적으로 변화하고 있다. 예를 들면 같은 d만큼 시료를 밀어 넣었음에도 불구하고 캔틸레버는 d가 아닌 Δ정도만 젖힌다. 그 차액 δ는 시료의 변형량에 상당하다.

$$\delta = d - \Delta \tag{5.2}$$

$$F = k_c \cdot \Delta \tag{5.3}$$

가장 단순한 모델로 계의 탄성적 성질만 고려한 헬츠 접촉의 모델을 생각하여 보자.[20] 이 경우 탐침의 선단 형상을 구(求)라고 가정하여 그 반지름을 R, 시료와 탐침의 영률과 푸아송비를 각각 E_i, V_i (i = sample, tip)로 하면

$$\begin{cases} F = \dfrac{K}{R} a_H^3, \ \ \delta_H = \dfrac{a_H^2}{R} \\ K \equiv \dfrac{4}{3} E^*, \ \ \dfrac{1}{E^*} \equiv \dfrac{1 - v_{sample}^2}{E_{sample}} + \dfrac{1 - v_{tip}^2}{E_{tip}} \end{cases} \tag{5.4}$$

이 성립한다 (단 a_H, δ_H는 각각 접촉 반지름과 시료 변형량). 시험삼아 오더를 견적하여 보면 (간단하게 하기 위해 $E_{tip} \gg E_{sample}$로 하여 그 기여를 무시한다) 10 MPa 정도의 유연한 고분자 시료에 대하여 (푸아송비 0.35로 가정) 탐침 반지름 10 nm에서 시료 변형량도 10 nm로 하면 힘은 1.5 nN이다. 이 침은 콘택트 모드에서 전형적으로 사용되는 캔틸레버 (스프링 상수 0.15 N/m)를 10 nm 뒤로 젖힌다. 즉 시료의 변형량과 캔틸레버의 젖힘 (warpage)은 같은 정도이다. 이것이 앞서 기술한 캔틸레버 스프링 상수의 일상 감각과의 기묘한 일치이다.

AFM 측정에서는 그 정도의 크고 작음은 있지만 확실히 시료 표면은 변형하고 있다. 예를 들면 탄성률이 GPa 정도인 유리상의 시료일지라도 10 N/m 정도의 캔틸레버를 사용하면 변형은 관측할 수 있다. 즉 태핑 모드용 탐침을 사용하면 된다. 발상을 보다 더 유연하게 할 필요가 있다.

일반적으로 AFM을 시료의 요철을 측정하기 위한 도구로 이용하기 때문에 시료가 변형하여서는 안 된다. 그러한 때에는 시료의 탄성률에 비하여 충분히 유연한 탐침을 사용할 필요가 있다. 발상을 전환하여 AFM을 '역학물성 평가툴'로 사용하고자 하는 경우에는 시료를 적극적으로 변형하여 그 변형량으로부터 시료의 역학적 물성값을 검출해 주면 된다. 이와 같은 방법은 재료의 특성 해석 분야에서는 태크

법이라는 명칭으로 널리 알려져 있다.

이와 같은 분야에서 축적된 다양한 식견을 AFM 측정에 활용할 수는 없을까? 기본적으로는 그것은 연속체에 관한 이론으로, 나노 스케일의 물체에 대해서도 충분한 타당성을 가지고 응용 가능할지의 여부는 금후의 데이터 축적과 이론의 결합으로 검증해 나갈 길밖에 없다. 그러나 지금까지 저자들이 실시해 온 고분자 시료 표면에서의 몇 가지 해석 결과는 그러한 이론들이 AFM의 결과를 '정량적'으로 분석하기 위해 충분히 이용될 수 있음을 나타내고 있다.

예를 들면, 폴리스티렌/폴리비닐 메틸에테르 (PS/PVME) 블랜드계를 모델계로 채용한다. 이 시료는 상용계이고, PS (실온에서 GPa 정도의 탄성률을 갖는)의 유리 전이온도가 100℃, PVME (실온에서 MPa 정도의 탄성률을 갖는)의 전이온도가 −24℃이므로 블랜드화에 의해서 유리 전이온도를 크게 변화시킬 수 있다. 따라서 블랜드화에 따라 계의 역학물성을 연속적으로 변화시키는 것이 가능한 셈인데, AFM에 의한 나노 스케일의 역학물성을 계측하는데 있어 적합한 모델계라 할 수 있다.

그런데 고분자 재료는 점탄성 (viscoelaticity)이라고 하는 기묘한 성질을 가지고 있다. 즉 풍선과 같은 탄성과 벌꿀과 같은 점성을 동시에 가지고 있다. 예를 들면 구두창으로 사용되고 있는 충격 흡수재 같은 것인데, 이것은 순발적인 변화에 대하여 탄력적으로 반응하지만 점소체로서의 성질도 있으므로 발에 밀착하게 되는 것이다.

이처럼 일반적으로 고분자는 빠른 자극에 대하여서는 탄성체로서의 성질을 현저하게 나타내고, 반대로 느린 자극에 대해서는 점성체로 작용한다. 상기한 유리의 전이온도는 고분자가 유리상태와 고무상태, 유동상태 사이를 전이하는 경계의 온도이므로 고분자의 응답 속도에 대한 변화와 온도에 대한 변화에는 관련성이 엿보인다. 이것을 '온도−시간 환산측'이라고 한다. 만약 이 고분자 다음을 단적으로 나타내는 성질을 AFM 측정으로 발견할 수 있다면 AFM을 고분자 연구에 응용하는 미래가 열리게 될 것이다.

그림 5-6는 PS의 혼합비가 70 %인 시료를 2 μm/s의 수사 속도로 포스 커브를 측정한 결과이다.[21]

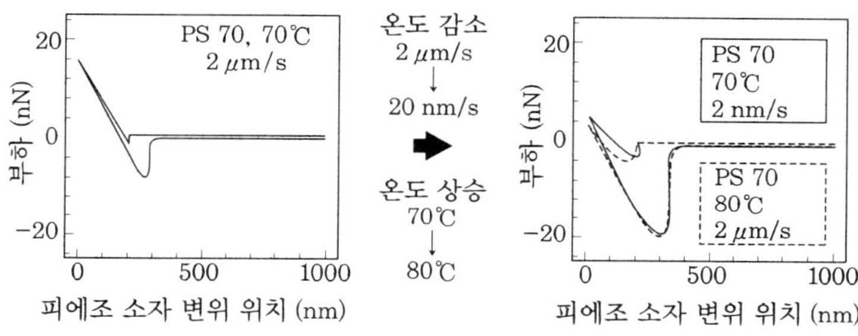

그림 5-6 **포스 커브 측정에서 볼 수 있는 온도-시간 환산측**

PS 함유량이 많으므로 70℃에서 측정하였음에도 불구하고 시료의 응답은 단단한 시료와 같은 모습을 나타내고 있다. 하지만 주사 속도를 20 nm/s까지 떨어뜨리면 (실선) 응답 양상은 매우 변화하는 모습을 보인다. 우선 시료 자신의 변형이 상당히 커지고 밀어 넣기와 끌어당기는 두 과정에서 큰 히스테리시스가 관측된다. 즉 이 측정 시간 영역 안에서 소성적인 변형이 일어나는 것이다. 말하자면 관측하는 시간의 변화가 시료의 '겉보기 역학물성'을 유연하게 보여주고 있다. 더욱 흥미로운 점은 주사 속도는 고정된 그대로 실제로 온도를 변화시킨 경우의 결과 (점선)이다. 약 10℃의 온도 변화가 앞의 수소 속도 변화에 대응할 만한 변화를 준 것이 된다.

위의 정성적인, 그러면서도 매우 흥미로운 관측을 더욱 유효한 것으로 하기 위해서는 무엇인가 정량적 관측을 가능하게 할 필요가 있다. 앞에 제시한 헬츠 접촉의 이론에 대하여 커브 피팅함으로써 시료의 탄성률을 수치화하는 것이 그 첫걸음이다.

그림 5-7 (a)의 위는 PS의 혼합비가 80 %인 시료를 유리 전이온도 69℃ 이상인 80℃에서 20 nm/s의 주사 속도로 포스 커브를 측정한

결과인데, 그 밀어 넣기 과정에 대하여 커브 피팅을 하면(그림 5-7 (b)) 탄성률이 3.0 MPa의 타당한 값을 얻는다.

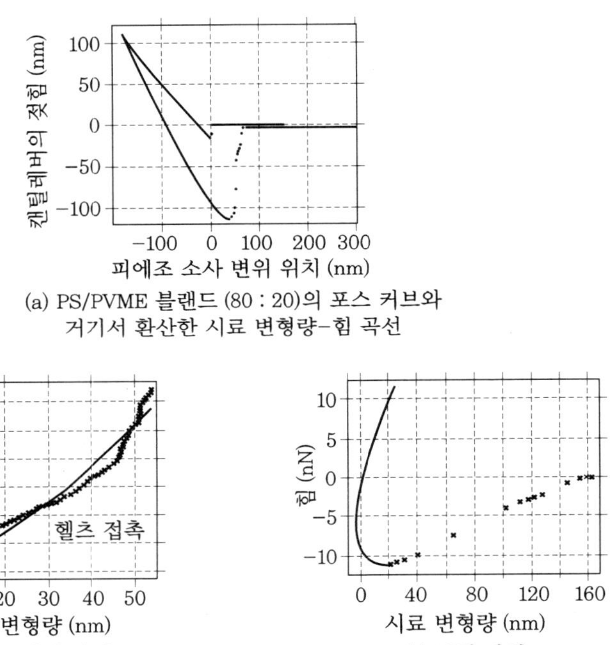

(a) PS/PVME 블랜드 (80 : 20)의 포스 커브와
거기서 환산한 시료 변형량–힘 곡선

(b) 밀어 넣기 과정

(c) 트립 과정

그림 5-7

또 이 그래프에서 가로축이 시료의 변형량으로 변형된 사실에 주의하기 바란다. 이 피팅에서는 간단하게 표현하기 위해 캔틸레버의 스프링 상수와 탐침의 곡률 반지름 및 푸아송비는 적당한 값을 가정하고 있다. 하지만 앞의 둘은 다른 실험으로 실제 값을 측정할 수 있다. 예를 들면 스프링 상수는 ① 열진독 스펙트럼으로부터 구하는 방법[22], ② 용매 중의 점성저항으로부터 구하는 방법[23], ③ 미소한 질량을 부가하였을 때의 공진 주파수의 변화로부터 구하는 방법[24] 등 몇 가지 방법이 제안되었다. 따라서 원리적으로는 어느 정도 정

확도로 탄성률을 산출할 수 있다.

트립 과정 (그림 5-7 (c))에서 시료는 탄성적 변형 효과와 탐침에 대한 응착력 효과를 가지고 있기 때문에 헬츠 접촉 가정의 피팅은 전혀 불가능하다. 그 때문에 응착력 효과를 채용한 모델의 하나인 JKR 접촉[25]의 가정을 이용할 수 있다.

$$\begin{cases} F = \dfrac{K}{R}a_J^3 - \sqrt{6\pi K w a}\,_J^{\frac{3}{2}} \\[2mm] \delta_J = \dfrac{a_J^2}{3R} + \dfrac{2F}{3a_J K} \end{cases} \qquad (5.5)$$

식 중에서 w가 응착 에너지, a_J, δ_J는 JKR 접촉 경우의 접촉 반지름과 시료 변형량이다. 이 식을 바탕으로 해석을 하면 탄성률뿐만 아니라 응착 에너지에 관한 정보도 얻을 수 있다. 또 이 책에서 설명하려는 수순을 크게 넘어서기 때문에 상세한 기술은 생략하지만 점탄성체에서 볼 수 있는 포스 커브의 밀어 넣기 과정과 트립 과정을 보다 정확하게 기술하기 위해 그린우드 (Greenwood)에 의해서 제안된 이론[26]을 이용할 수 있을지도 모른다.

이상 보아온 바와 같은 정량 측정과 포스 볼륨 측정 (시료의 각 점에서 포스 커브를 취하는 모드)을 조합하는 것은 매우 흥미롭다. 현실적으로 이와 같은 해석을 리얼 타임으로 하여 주는 시판 장치가 없지만 앞으로 그와 같은 소프트면에서의 충실도 꼭 기대되는 바이다.

커브 피팅이 아니고 밀어 넣기 양의 각 점에서 영률을 계산하는 것도 물론 가능하다.[27] 그림 5-8은 그 결과이다. 사용한 원래의 데이터는 그림 5-7 (b)과 같은 것이다. 이와 같은 데이터 해석법은 영률의 변형량에 대한 어떤 의존성을 기대할 때는 유효하지만 실제로는 데이터의 분산을 억제하는 것이 어려운 모양이다.

이상, 보통 포스 커브 측정을 약간 재인식하는 것만으로 어느 정도 재미있는 연구가 가능할 것으로 인식되었으리라 믿는다.

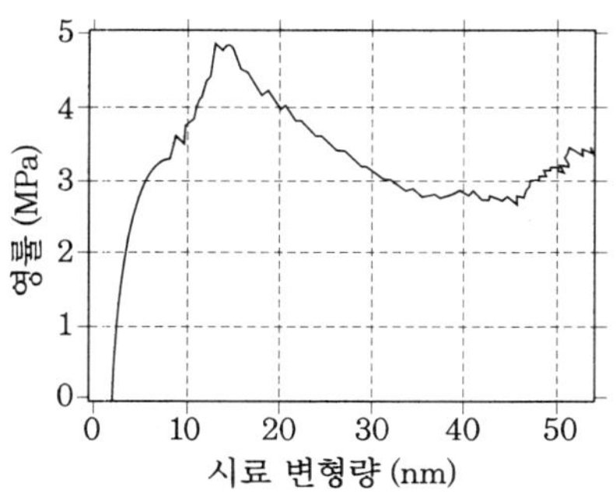

그림 5-8　그림 5-7 (b)의 포스 커브 (밀어 넣기 과정)로부터 구한
영률의 시료 변형량 의존성

② 프릭션 (friction) 루프 측정[28~30]

　AFM을 사용한 마찰현상의 연구 예는 여기서 거론할 시간이 없다
(마찰현상을 다루는 경우는 마찰력 현미경, 수평력 현미경 등의 별명으
로 부르는 수도 있다). 마찰은 접촉하는 양쪽 표면의 응착력, 젖음
(wetting), 거칠기, 변형, 접촉 양식 등에 따라 영향을 받는다.

　마크로한 계에서는 표면의 거칠기 때문에 우리들이 눈으로 보는 접
촉 면적과 실제로 분자끼리 접촉하고 있는 면적 (진실 접촉 면적)이 크
게 다르다. AFM을 사용함으로써 접촉 반지름을 수십 nm 이하로 할
수 있고, 접촉 양식은 이상적 (理想的)으로는 단일 점접촉된다고 생
각된다. 실제로 단단한 시료에 대해서는 원자 스케일의 마찰이 관측
되는 것도 사실이다. 마크로한 계의 마찰을 이해하는데 있어서도
AFM에 의한 단일 접촉에서의 마찰측정은 큰 도움이 되며, 과학적인
의미에서도 이와 같은 연구를 추진하는 것은 중요하다.

　마찰력을 측정하기 위한 프릭션 측정에서는 주로 콘택트 모드를 이
용한다. 즉 탐침과 시료를 접촉시켜 임의의 일정한 크기로 제어된 항
력 (抗力)으로 꽉 누른 다음 캔틸레버 (cantilever)에 대해서는 수직 방
향, 시료면에 대해서는 수평 방향으로 일정 속도로 시료를 이동시켜
측정한다. 이때 캔틸레버가 비틀리고, 그 비틀림 양을 검출함으로써

힘을 산출한다.

 이 측정으로 수평 방향의 표면 변형과 응착력, 즉 마찰력을 검출할 수 있다. 실제로는 어느 정도의 주사 범위를 결정한 다음 왕복 동작 시킴으로써 거리-힘의 그래프를 그릴 수 있다 (왕복 동작으로 힘은 역 방향으로 향하게 된다). 이 루프의 면적은 1회의 왕복 동작으로 상실한 에너지 산일량에 상당하다. 따라서 프릭션 루프 측정은 거시적으로도 실시되고 있는 측정[31]과 같아, 계의 점탄성적 성질을 부각시켜 준다.

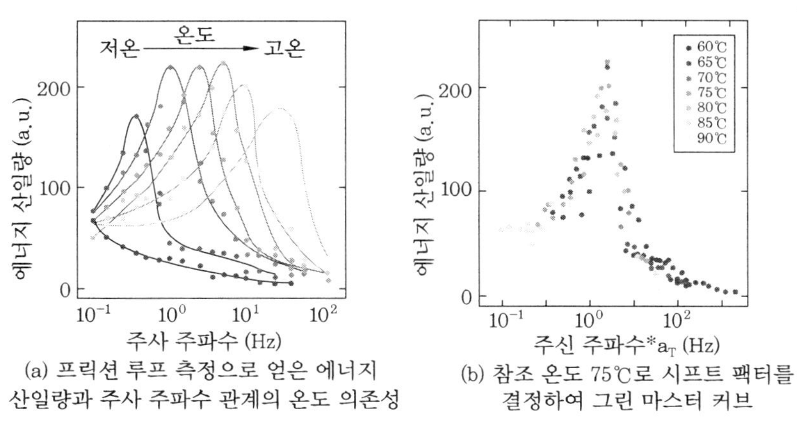

(a) 프릭션 루프 측정으로 얻은 에너지 산일량과 주사 주파수 관계의 온도 의존성

(b) 참조 온도 75℃로 시프트 팩터를 결정하여 그린 마스터 커브

그림 5-9

 예를 들면, 앞의 포스 커브 측정의 예와 같은 시료, 즉 PS/PVME 블랜드 (60 : 40)에서 에너지 산일량을 주파수에 대하여 기록하면 그림 5-9 (a) (어느 한 그래프에 주목)와 같이 어떤 주파수에서 피크를 부여 하는 전형적인 에너지 산일 곡선을 그린다. 그 설명의 상세는 문헌 28~30을 참고하기 바라며, 상이한 두 기여의 길항 (antagonism : 효력의 증가와 접촉 면적의 감소)에 의해서 피크가 나타나는 것을 알 수 있다. 여기서 강조하는 싶은 것은 이 피크의 위치가 온도에 따라 서 서히 시프트하고 있는 점, 그리고 WLF의 지도 원리[32]에 따라 (참조 온도는 75℃로 했다) 그림 5-9 (b)와 같이 마스터 커브를 그리게 할

수 있다는 점이다. 즉 온도–시간 환산칙이 여기서도 성립되고 있는 셈이다.

획득된 마스터 커브 반값폭의 날카로움, 표면 변형과의 관련 등 마찰력 연구도 심오하다. 앞에서 예거한 문헌을 필히 참조해야 하겠지만 나노 스케일로 고분자의 역학 현상을 이해하기 위해서는 포스 커브 측정, 프릭션 루프 측정이 매우 유효하다는 것을 실감할 수 있으리라 믿는다.

③ 나노 리올로지 (nano rheology) – AFM

여기서는 고분자 나노재료의 응용에 있어 중요한 분야의 하나인 '응착·점착'을 의식한 연구를 하려는 동기에서 일반적인 AFM 측정으로 그 어려움으로 인하여 결코 상대하지 않는 유리 전이온도 이상의 고무·유동상태에 있는 표면을 다루는 경우 어떻게 해야 할 것인가를 다루기로 하겠다.

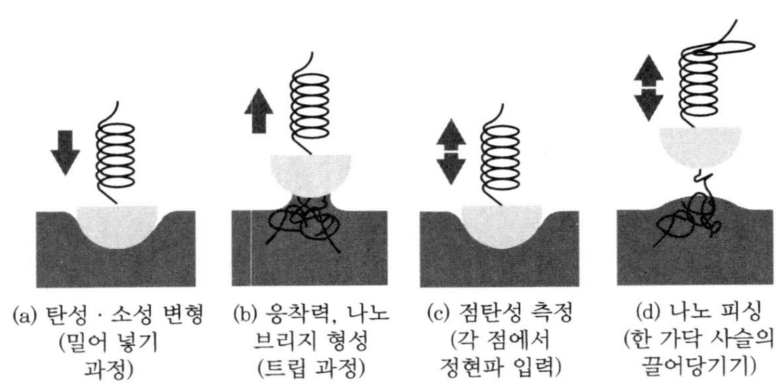

그림 5–10 **포스 커브 측정의 여러 가지 아종 (亞種)**

그러기 위해서는 보통 포스 커브 측정의 소위 아종 (亞種)을 개발할 필요가 있다. 그림 5–10에 보인 바와 같이 일정한 주사 속도에 의한 보통 오퍼레이션에서 이미 보아온 바와 같이 태크법에 의한 탄성·소성 변형과 응착력을 측정한다. 정현파적인 진동을 인가하는 방법으로는 저장·손실 탄성률을 평가할 수 있다.

마크로계의 응력 완화, 크리프 측정과 유사한 측정도 가능하다. 이제까지 설명한 방법은 현재 시판되고 있는 장비로는 실현이 불가능한 형편이므로 시판 장치를 개량하여 쓰는 전략으로 연구를 추진할 필요가 있다. 물론 '표면'에서도 재미있는 결과가 많이 나왔지만 나노 스케일로 발현하는 흥미로운 역학물성을 모색하기 위해 그 길이와 폭이 nm 오더의 캐필러리 (capillary)와 그 극한인 고분자 한 가닥 사슬에 대하여 실시한 해석 예를 소개하겠다.

그림 5-7 (c)의 그래프를 다시 한 번 보아주기 바란다. 응착력의 피크까지는 JKR 이론으로도 잘 실현될 만한 거동을 보이고 있다. 후반의 엇갈림은 측정법에 유래하는 것으로, 탐침과 시료의 응착이 끊어져 캔틸레버의 젖힘이 급격하게 점프하는 것을 나타내고 있을 뿐이다.

한편 그림 5-11에 보인 것은 PS/PVME 블랜드 (20 : 80)의 포스 커브로부터 얻어진 시료 변형량-힘 곡선이다.[21] 이 시료는 실온에서 이미 유리 전이온도 이상이기 때문에 실온에서의 측정이다. 커브 그 자체는 일견 그림 5-7 (c)의 것과 매우 유사한 것으로 보이지만 후반부의 엇갈림은 본질적인 엇갈림이다. 그림 5-7 (c)에서는 피크에서 후반의 엇갈림은 단순한 해석법 문제로 발생하는 아티팩트 (artifact)였지만 그림 5-11의 그것은 다르다. 실제 피크를 넘어 힘 0의 베이스라인으로 돌아오기까지의 시간을 계측하여 보면, 그림 5-7 (c)에서는 한순간이지만 그림 5-11에서는 2분간 이상을 요하고 있다. 필자들은 이 현상을 고분자 사슬 표면에서의 '뽑아내기 (나노 브리지 형성)'라 추정하고 있다.

PVME 시료에서는 PVME에 유리하는 낮은 탄성률 및 강한 응착력 때문에 유리 전이온도 이상이라는 의미에서는 같은 조건이라도 PS 리치한 시료와는 전혀 다른 결과를 얻었을 것이다. 현재는 나노 브리지에 대한 여러 가지 완화 측정 및 동적 점탄성 측정을 시험하고 있는데, 예비적인 결과로는 이 나노 브리지는 고분자 사슬 수십 가닥의 오더로 구성된 물체라는 시사를 얻었다. 또 이 AFM 탐침에 의한 고분자 사슬의 뽑아내기 현상은 제1장, 제2장에서도 소개한 COTA에 의한 시뮬레이션으로도 재현된 바 있다.[33]

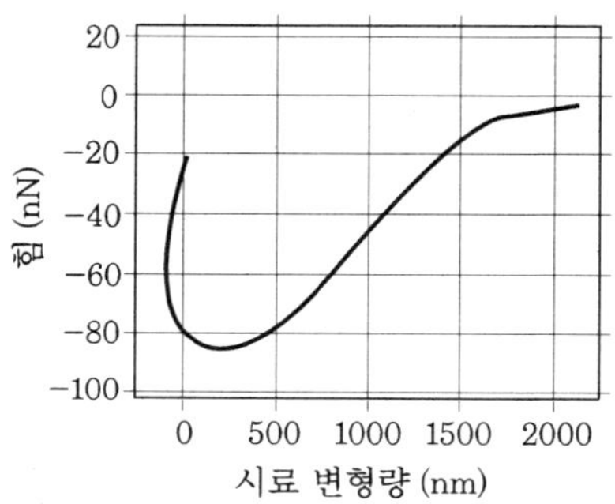

그림 5-11 PS/PVME 블랜드 (20 : 80)의 포스 커브로부터 환산한 시료 변형량-힘 곡선 (나노 브리지가 형성되어 있다)

위의 결과에 의하면 고분자와 탐침의 흡착은 트레인 부분의 흡착에 의해서 지배되고 있다는 것으로, 제2장에서 소개한 계면의 원리가 여기서도 유효하다는 것을 알 수 있다.

④ 고분자 한 가닥 사슬의 나노 역학

그림 5-12에 모식적으로 도시한 바와 같이, 고분자의 양쪽 말단을 화학적으로 수식하여 한쪽 단을 기판과의 특이적 상호작용으로 일단을 흡착시키고, 다른 한쪽 말단을 AFM 탐침 선단으로 낚아올려 늘어나는 한계 사슬이 되기까지 신장할 수 있다. '나노 피싱 (nano fishing)'이라고 하는 이 준정적 (準靜的)인 방법으로는 늘어나는 한계까지의 사슬 길이와 지속 길이 등의 정적 (靜的)인 정보를 획득할 수 있다.

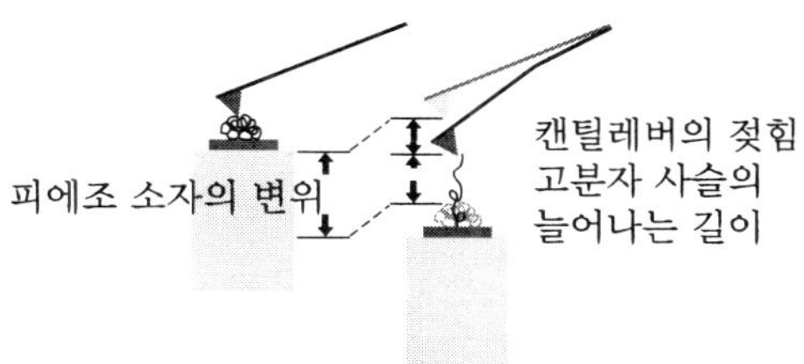

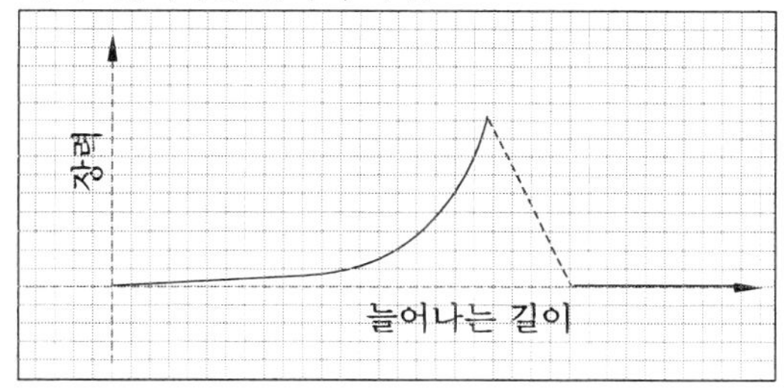

그림 5-12 **나노 피싱 (단일 고분자 신장)의 개념도**

그림 5-13은 양쪽 말단을 티올기로 수식한 폴리스티렌 올리고머에 대하여 실시한 나노 피싱 결과이다. 측정은 금코드 질화실리콘제, 스프링 상수 0.02 N/m의 캔틸레버를 사용하고, 양용매인 N, N-디메틸포름아미드(DMF) 중의 신장 길이 · 장력 곡선을 얻었다. 결합 파단 때의 늘어나는 길이 및 장력은 각각 43 nm, 190 pN였다. 또 늘어난 직후 곡선의 기울기로부터 고분자 사슬 한 가닥의 스프링 상수를 견적할 수 있으며, 0.65×10^{-3} N/m의 값을 얻었다.

그림 5-13 중의 실선은 지렁이 사슬 모델 (worm-like chain : WLC)[34] 에 의한 커브 피팅의 결과이다. 이 모델에서는 장력 $F(x)$와 늘어나는 길이 x 간에 다음 식과 같은 관계가 성립한다.

$$F(x) = \frac{kT}{l_p}\left[\frac{1}{4(1-\frac{x}{L})^2} + \frac{x}{L} - \frac{1}{4}\right] \tag{5.6}$$

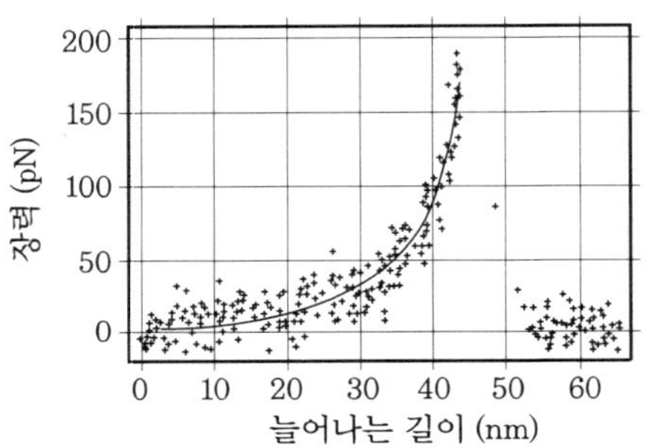

그림 5-13 **폴리스티렌 올리고머의 나노 피싱과
WLC 모델에 의한 피팅**

여기서 l_p, L은 각각 지속 길이와 늘어나는 한계 사슬 길이이다. 피팅으로 획득한 각 값은 0.22 mm, 54 mm였다. 지속 길이는 모노머 유닛 1개분의 길이에 상당하고, 또 이들 값으로부터 중합도가 약 240 정도로 견적되었다. 이 올리고머의 중합도는 약 200 정도였으므로 분산을 고려한다면 충분히 양호한 일치라 할 수 있다. 엔트로피 탄성의 가장 단순한 식

$$k_{chain} = \frac{3kT}{\langle R^2 \rangle}, \quad \sqrt{\langle R^2 \rangle} = n^{\frac{3}{5}} b \tag{5.7}$$

에 얻어진 값을 대입하면 0.36×10^{-3} N/m을 얻는다. 이 값 또한 양호하게 일치한다고 볼 수 있다. 고분자가 한 가닥 사슬상 분자라는 사실이 Standinger 박사에 의해서 제기된 것이 1917년이었으므로 약 90년이 경과하였다. 그로부터 시작한 고분자 물리학의 역사에서 한 가닥 사슬의 엔트로피 탄성은 모든 이론의 기초이다. 저자들은 그 직접적인 측정을 겨우 할 수 있었다.

이상 보아온 바와 같이 나노 피싱으로는 고분자의 정적인 성질을 고분자 한 가닥이라는 극한적인 상황으로 측정할 수 있다. 여기까지에 이르면 동적인 성질도 검출하고 싶은 것이 인간 심리일 것이다. 저자들이 개발하고 있는 나노 리올로지 AFM으로는 예를 들어, 신장

을 매우 흥미로운 곳에서 멈추어 광범위한 주파수 렌지로 정현파 자극을 가하는 실험을 할 수 있다. 이 방법으로 계의 어떤 응답 시간에 특화하여 거기에 특이적으로 발견할 수 있는 현상에 육박하는 것이 가능하다.

기판을 상하로 움직이기 위한 압전 소자에 저주파 (0.01~100 Hz)의 섭동 (perturbation)을 가하는 나노 리올로지 AFM을, 두 말단을 화학적으로 수식한 폴리스티렌 올리고머에 대하여 적용한 연구에서는[35] 그림 5-14에 보인 바와 같은 양 (良)용매 속에서의 위상 뒤짐이 없는 응답에서 '단일 고분자 사슬의 엔트로피적 탄성' 등의 역학적 데이터를 얻을 수 있다.

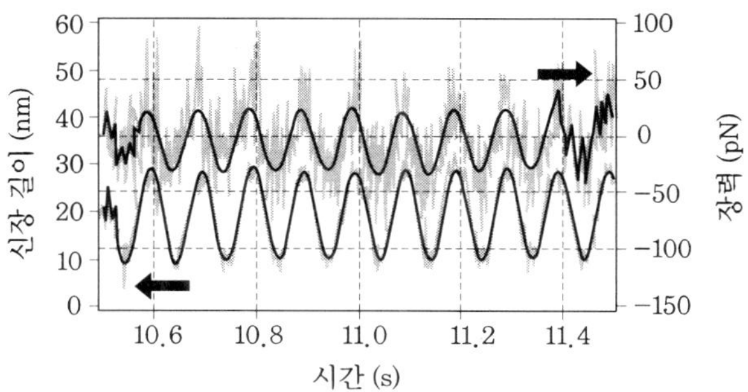

그림 5-14   **나노 리올로지 AFM에 의한 고분자 사슬 한 가닥의 점탄성 응답 계측**

또 그림 5-15와 같은 주파수 의존성을 구하는 측정에서는 '단일 고분자 사슬의 리올로지적 성질'이 도드라지는 결과를 얻을 수 있다. 그림에서 볼 수 있는 주파수 1 Hz 정도의 크로스 오버가 어떠한 물리현상에 대응하고 있는가는 현재로서는 잘 알려져 있지 않지만 적어도 모노머 용매 마찰과 같은 빠른 응답은 아닌 것이 확실하다.

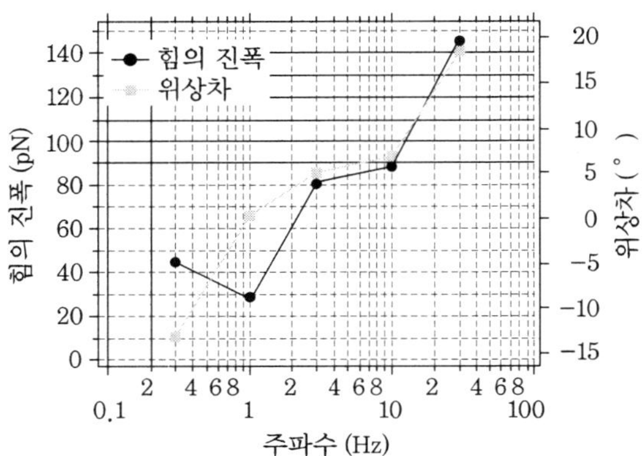

그림 5-15   **고분자 한 가닥 사슬의 주파수 응답**

혹은 de Gennes가 말하는 Cerf항 (모노머·모노머 마찰)[36]에 대응하는 현상이 측정된 것이 아닌가 하는 추측도 할 수 있다. 최근에는 주파수 영역을 kHz 오더까지 확장한 측정 예도 존재한다. 고분자 한 가닥 사슬의 에너지 산일과정 (散逸過程)을 해명하기 위한 새로운 시도이기도 하다.[37]

(3) 태핑 모드 (tapping mode) AFM에 대하여

소프트 머티리얼 연구에서 AFM을 사용한다고 하면, 오늘날에는 태핑 모드 측정이 일반적이다. 특히 캔틸레버 근원의 진동원과 탐침이 붙어 있는 캔틸레버 선단의 진동 위상차를 영상화하는 위상 콘트라스트 이미징의 위력은 절대하여, 요철상으로 알 수 없었던 시료의 역학적 성질에 강한 콘트라스트를 부가하는 것이 가능한 점이 그 매력인 것 같다. 하지만 그 해석은 매우 어렵고 또 진실을 올바르게 이해하지 못한다면 잘못된 결론을 이끌어낼 수도 있다. 이 항에서는 이론적인 전개도 포함하여 태핑 모드를 이용할 때의 주의사항에 관하여 약술하겠다.

태핑 모드의 역학계는 우선 시료와의 상호작용을 고려하지 않는다면 단순한 태핑이 있는 공진 진동계이다. 따라서 캔틸레버의 질량을 m, 캔틸레버의 스프링 상수를 k, 캔틸레버 고유의 공진각 진동수를 ω_0로 하면,

$$m\ddot{z} + \frac{m\omega_0}{Q}\dot{z} + kz = ma\omega_0^2 e^{i\omega t} \tag{5.8}$$

로 적을 수 있다. 여기서 Q는 시스템의 퀄리티 팩터(Q값), ω는 공진 진동원의 진동수, a는 그 진폭이다. 우변의 계수는 지점(支点)이 진동하는 효과, 즉 스프링의 늘어남이 그 진동에 의해서 변화하는 효과로 간주한다면 이해하기 쉽다. 이 선형 미분방정식의 해법에 관해서는 적당한 역학관계 책을 참고하기 바란다. 효과만을 나타내면(그림 5-16),

$$\frac{A}{A_0} = \frac{\dfrac{\omega_0}{\omega}}{\sqrt{Q^2\left(\dfrac{\omega_0}{\omega} - \dfrac{\omega}{\omega_0}\right)^2 + 1}}, \quad \tan\phi = \frac{1}{Q\left(\dfrac{\omega_0}{\omega} - \dfrac{\omega}{\omega_0}\right)} \tag{5.9}$$

로 된다($\omega_0/\omega = f_0/f$로 하여 주파수로 치환하여도 된다). 다만 $z = Ae^{i(\omega t - \phi)}$로 하였다. A는 진폭, ϕ는 위상 뒤짐이다. 또 첨자의 0은 공진점에서의 값을 의미한다.

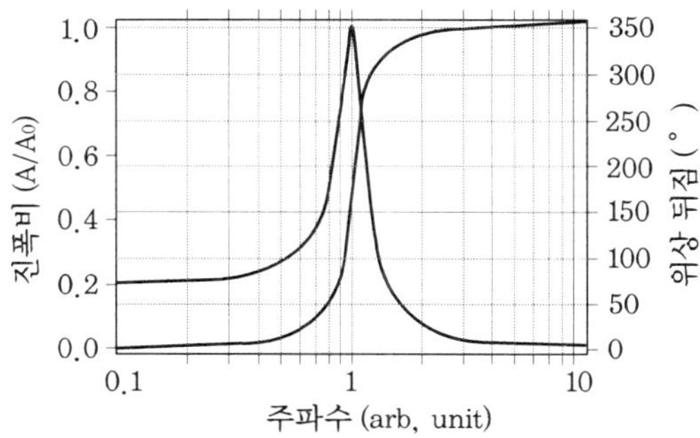

그림 5-16 **캔틸레버의 공진 곡선 (진폭비와 위상 뒤짐)**

(5.9)식의 전반, 즉 진폭비는 전형적인 Lorentz 함수이다. 진폭비의 표식 (表式)의 분모가 극값을 부여하는 진동수로, 진폭비가 최대가 된다(즉 그 시스템의 공진점). 즉,

$$\omega_r = \omega_0 \sqrt{1 - \frac{1}{2Q^2}} \qquad (5.10)$$

Q값이 작을수록 (점성의 기여가 큰) 공진 진동수는 저주파 쪽으로 치우친다. 초고진공 속이 Q값이 가장 높다. 이 경우 Q값이 매커니컬한 마찰 등에 의한 에너지 산일 효과에 상당하다. 대기 중이나 액 속이면 각 점성계수에 따라 Q값은 서서히 작아진다. 이와 같은 효과는 점성 저항이 속도에 비례하는 단순한 흐름만 존재하는 영역이라면 식 (5.8)의 점성항에 포함시켜 고찰하여도 되겠지만, 실제로 액 속에서의 캔틸레버의 동작은 그렇게 단순하지는 않는 것 같다.[38]

그런데 태핑 모드에서는 단속적으로 시료와 접촉하는 부분을 모델화할 필요가 있다. 상세는 여기서 생략하겠지만,

$$m\ddot{z} + \frac{m\omega_0}{Q}\dot{z} + kz = ma\omega_0^2 e^{i\omega t} + F_{int} + F_v \qquad (5.11)$$

로 된다. F_{int}는 탐침–시료 상호작용으로, 떨어져 있을 때는 반데르발스 인력, 접촉하고 있을 때는 식 (5.4)의 헬츠 접촉이나 식 (5.5)의 JKR 접촉 등을 생각하면 된다. F_v는 만약 시료가 점성항을 포함하는 경우의 부가항으로,

$$F_v = -\eta \sqrt{R\delta}\,\dot{z} \qquad (5.12)$$

로 적을 수 있다. η는 시료의 점성률이다. 이처럼 식 (5.11)은 시료의 탄성률과 점성률 그리고 시료의 변형량을 포함하는 비선형 미분 방정식이 된다.

우선 단순한 경우로 헬츠 접촉만 들어 있는 경우에 대하여 고찰하

여 보자.[40) 이때 캔틸레버의 진동 공진 주파수 ω_1은 비섭동상태의 진동수 ω_0보다 높아진다 ($\omega_0 \rightarrow \omega_1 = \omega_0 + \triangle\omega$). 만약 상호작용이 캔틸레버의 복원력보다 충분히 작고 ($F_{int} \ll kA$) 진폭이 시료의 변형량보다 충분히 클 때 ($A \gg \delta$)는 이 진폭수 변화를 1차의 Hamilton-Jacobi 섭동이론으로 계산할 수 있어

$$\frac{\triangle\omega}{\omega_0} = \frac{1}{kA^{\frac{3}{2}}}\frac{E^*}{2\sqrt{2}}\sqrt{R}\,\delta^2 \tag{5.13}$$

이 된다. 지금 Q값이 충분히 높고 또한 상호작용에 의해서 그 값을 변화시키지 않는다고 가정하면 그림 5-17에 모식적으로 도시한 바와 같이 공진 곡선의 현상은 전혀 변하지 않고 단지 $\triangle\omega$만 치우치는 것이 된다. 수식적으로는 식 (5.9)의 ω_0를 ω_1로 바꾸어 놓으면 된다. 보통 태핑 모드 AFM 조작에서는 비섭동상태의 진동수(근방)에서 진동수를 고정하여 측정을 하므로 상호작용에 의한 진동수의 변화는 진폭비의 감소를 유도한다. 식 (5.9)의 ω_0를 ω_1로 대치한 식에서 변수 ω에 ω_0를 대입한 것 (ω_0로 동작하고 있는 상태)에서 직접 구할 수 있는 식은,

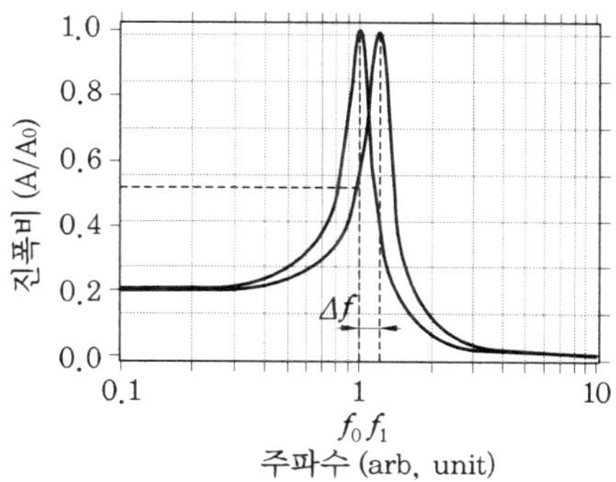

그림 5-17 **공진 주파수의 치우침**

$$\frac{\triangle \omega}{\omega_0} = \left\{ \frac{2Q^2 - 1 \pm 2Q\sqrt{\dfrac{1}{4Q^2} + \dfrac{A_0^2}{A^2} - 1}}{2\left(Q^2 - \dfrac{A_0^2}{A^2}\right)} \right\}^{\frac{1}{2}} - 1 \tag{5.9'}$$

이 된다. 진폭비는 관측으로 얻을 수 있는 양이므로 이것을 바탕으로 식 (5.9′)에서 진동수 시프트 $\triangle \omega / \omega_0$를 산출한다. 그 후에 식 (5.13)에 의해 시료 변형량 δ를 구한다. 캔틸레버의 위치는,

$$z_c = A - \delta \tag{5.14}$$

로 결정되므로 가능한 A의 값 (0에서 A_0까지)에 대해서는 (A, z_c)의 조건을 구할 수 있다 (태핑 모드 AFM의 포스 커브).

이상의 계산으로 획득한 캔틸레버의 위치 z_c에 대한 진폭비, 위상, 시료 변형량, 힘의 관계를 그림 5–18에 도시하였다. 계산에 사용한 파라미터는 $k = 20 \text{ N/m}$, $f_0 = 200 \text{ kHz}$, $Q = 500$, $A_0 = 100 \text{ nm}$, $R = 20 \text{ nm}$, $E^* = 100 \text{ MPa}$이다. 매우 흥미로운 것은 위상 변화는 단조로운 데 비해 시료 변형량과 힘은 각각 밀어 넣는 도중 어딘가에서 극대를 맞이한다는 점이다. 이것은 식 (5.13)을 변형하여 얻을 수 있다.

$$\delta = \left(\frac{2\sqrt{2}\, kA^{\frac{3}{2}}}{\omega_0 E^* \sqrt{R}} \triangle \omega \right)^{\frac{1}{2}} \tag{5.13'}$$

로 이해할 수 있다. 즉 식 (5.13′) 안에는 양으로 나타나 있는 A와 $\triangle \omega$ 속에 음으로 포함되어 있는 A의 두 기여가 있다. 시료 변형량 δ는 단순히 진폭이 큰 쪽이 크다. 하지만 δ가 너무 크게 되면 $\triangle \omega$가 커지고, 이것은 A를 작게 하는 결과로 이어진다. 여기서 알게 된 사실은, 시료에 유효하게 변형을 가하고자 하는 경우에는 그 최적한 진폭비가 있다는 사실이다.

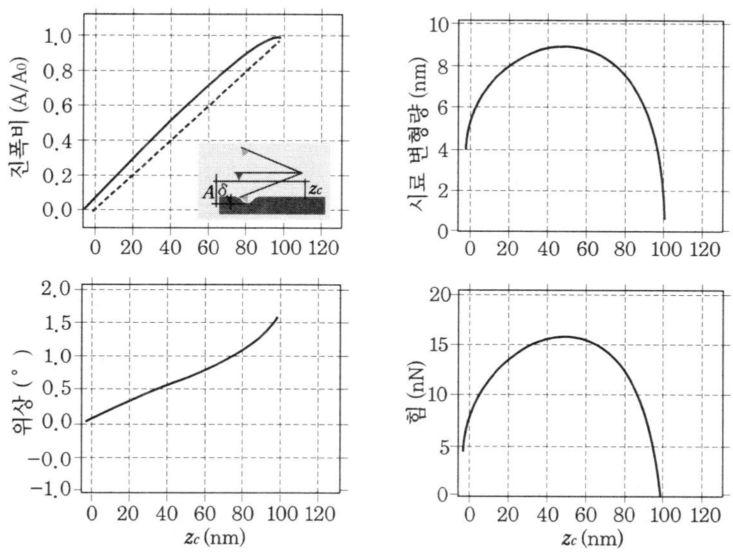

그림 5-18 **태핑 모드 AFM의 포스 커브**

다음은 식 (5.11)에서 점성항도 포함하고 있는 경우를 고찰하여 보자. 이 식을 해석적으로 풀이하는 것은 매우 어렵기 때문에 수치적으로 푼 결과를 제시하겠다.[41] Tamayo 등이 제시한 이 결과는 매우 시사적이다. 그림 5-19에 보인 바와 같이 단위수가 다른 탄성률의 시료에 대하여 위상의 엇갈림은 전혀 발생하지 않는다. 보통 위상 콘트라스트상은 시료의 '경도' 정보를 주는 것으로 믿고 있지만 그것은 잘못된 생각이라는 것이다. 그렇다면 어떠한 때에 위상 뒤짐이 일어나느냐 하면 점성적인 성질 혹은 응착력에 유래하는 히스테리시스가 존재할 때라는 것이 그림 5-19의 결과이다. 본래 위상 뒤짐은 에너지 산일로 이어질 것이다. 탄성적인 성질만으로는 에너지가 산일할 이유가 없으므로 이 결과는 지극히 당연하다.

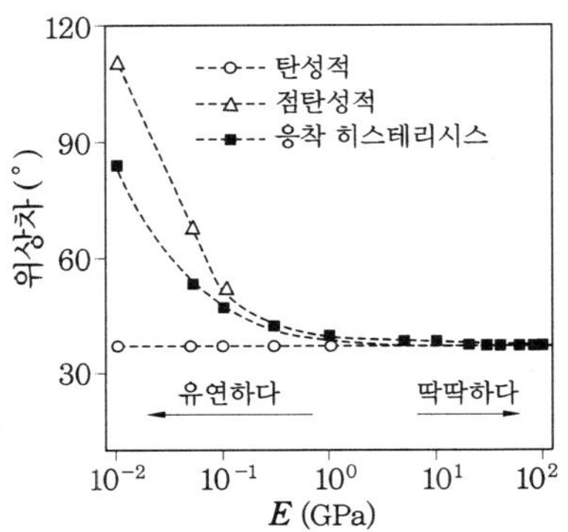

그림 5-19 **탄성률과 위상 뒤짐의 관계**[41]

그렇다면 왜 태핑 모드 AFM으로 경도의 차이를 알 수 있다는 것인가? 사실 이것은 그 피드백 구조와 관련이 있다. 보통 이 모드에서는 캔틸레버의 진동 진폭을 일정하게 하도록 표면 위를 투사한다. 이때 시료의 탄성률이 다른 장소에서는 시료의 변형량도 다르다. 예를 들면 두 장소에서

$$A = z_c(1) + \delta(1) = z_c(2) + \delta(2) \tag{5.15}$$

가 성립되어 있다. 여기서 z_c는 (변형을 받지 않고 있을 때의) 시료 표면과 캔틸레버 진동 중심과의 거리이다. 단단한 1의 곳에서는 변형량 $\delta(1)$은 작고, 유연한 2의 장소에서는 변형량 $\delta(2)$는 커진다. 탄성률의 변화는 식 (5.9)의 F_{int}를 통하여 변형량 δ를 변화시키는 데만 기여한다. 위상 변화는 이 변형량 δ를 통하여 F_v의 차이로 나타나게 된다. 결국 탄성률 변화의 매핑이라는 이해는 잘못된 것은 아니라는 것이 된다. 하지만 이와 같은 이치를 올바르게 이해하여 두지 않으면 보다 심오한 논의 때 자칫 함정이 될 수도 있으므로 주의하기 바란다.

위의 스토리는 고분자의 점탄성 모델을 고찰할 때의 저장 탄성률과 손실 탄성률의 관계와 유사하다. 손실 '탄성률'이라 호칭하지만 이 실

체는 점성률로 에너지가 산일하는 방법을 규정하고 있는 양이다.

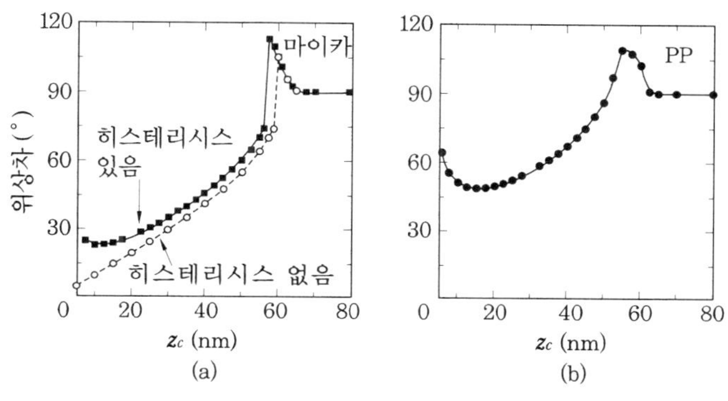

그림 5-20 **점성항이 있는 경우의 포스 커브**[41]

다시 이들의 결과를 살펴보자. 그림 5-20은 마이카 (mica)와 폴리프로필렌 (PP) 표면에서의 태핑 모드 포스 커브의 재현이다. 마이카 표면에서는 실질적으로 점성의 기여는 전혀 없다고 생각해도 된다. 이 경우 많이 관찰되는 바와 같이 거의 직선적으로 위상이 치우치게 된다. 그러나 만약 표면의 응착력 효과가 크면 밀어 넣는 양이 많아짐에 따라 위상의 치우침이 직선에서 벗어난다. 폴리프로필렌에서는 점성항도 부가되어 사정이 보다 복잡해진다. 실제로 20 nm 이하 부분에서 위상 치우침 방향이 역전되고 있다. 이처럼 소프트 머티리얼상에서 위상 콘트라스트상을 취득할 때는 위상의 대소관계에서 뿐만 아니라 '단단함'의 차이를 선언할 수가 없다.

하드 태핑이라든가 소프트 태핑이란 말이 있다. 각각 진폭비가 0.4~0.6과 0.8~0.9 정도의 피드백 조건을 의미하고 있으며 밀어 넣기 양의 대소에 대응하고 있다. 그리고 하드 태핑 때는 위상 콘트라스트가 매우 강하게 되는 것이 경험적으로 알려져 있기 때문에 많이 이용되고 있다. 그러나 본 항에서 본 바와 같이 하드 태핑에서는 요철상이 진정한 요철상이 아니라 시료가 변형되어 있다는 사실에 주의해야 한다. 그리고 그에 수반하여 위상의 변화가 출현하는데, 위상은 역전하는 경우도 있을 수 있다. 따라서 해석에는 세심한 주의가 요구된다.

일부 시판 장치에는 인터리브 스캔이라는 기능이 겸비되어 있다. 먼저 시료의 요철상을 취득하고 그 후에 같은 장소를 다시 주사할 때, 요철상을 취득할 때의 피드백 신호에 적당한 변위량 (리프트량)을 가해서 주사한다 (피드백 기능은 오프로 되어 있다). 이에 의해서 두 번째 주사로 요철상의 정보를 캔슬하면서 다른 물리량을 측정할 수 있다. 이 방법을 사용하면 보다 정확한 측정을 할 수 있는 가능성이 있다.

예를 들면 최초의 주사에서는 가급적 소프트 태핑으로 표면을 덧그린다. 그리고 두 번째 주사에서는 리프트양을 마이너스 방향으로 가지고 가서 하드 태핑 상태와 같은 정도의 진폭비가 되도록 한다. 그리하여 위상상을 취득하게 된다.

상대가 고분자계인 경우는 또 하나의 트릭이 있다. 고분자계에서는 앞에서도 기술한 바와 같이 온도−시각 환산칙이 있다. 이 온도−시간 환산칙에 의하면 높은 주파수에서 고분자는 '단단하게' 보인다. 실제로 해보면 알겠지만 본래 유리 전이온도가 실온 이상인 시료를 두 가지 마련해도 (콘트라스트를 내기 위해 예컨대 상분리 상태로 한다) 위상상에 차이는 나지 않는다. 이것은 두 부분 모두 300 kHz의 주파수 (태핑 모드 캔틸레버의 전형적인 값)에서는 이미 '너무 단단'하다. 따라서 위상상에서 변화를 보기 쉬운 것은 고무 시료 등의 원래 유연한 (콘택트 모드 조작으로는 너무 유연하다) 시료이다. 그러므로 예컨대 인터리브 모드를 이용한다 치고, 먼저 캔틸레버의 공진점에서 시료의 요철상을 얻는다. 여기에 탄성항 유래의 시료 변형 및 점성항은 개입할 여지가 거의 없다.

두 번째 스캔에서는 예를 들면 보다 뒤진 주파수, 예컨대 진동원에 사용하고 있는 피에조 소자나 바이몰프 (bimorph)의 공진점으로 주사한다. 이때 시료의 점탄성적 성질이 뒤진 쪽의 주파수로 콘트라스트를 낼 수 있는 상태이면 쉽게 관측이 가능할 것이다. 이것이 포스 모듈레이션 (force moulation)이라는 방법이다 (단, 포스 모듈레이션법이나 주사형 점탄성 현미경에서는 태핑 모드가 다르며 탐침과 시료는 늘 접촉하여 있다). 혹은 하모닉스 (harmonics)를 사용하는 것도 방법인지 모른다.

이상 AFM을 소프트 머티리얼에 이용할 때에 주의하여야 할 노하우적인 사항들을 기술하였다. 독자들이 고분자 나노물질·재료를 AFM으로 관찰할 때 이해의 발판으로 활용하기 바란다.

컬럼   주사형 근접장 광학 현미경(SNOM)

주사형 근접장 광학 현미경(scanning near-field optical microscope : SNOM)에 대한 연구는 STM이나 기타 주사형 프로브 현미경 연구에 비해 그 역사가 오래되어 원리는 1928년에 제창되었고 1956년에도 같은 원리가 제안되었다. 이 근접장법의 원리는 1972년 마이크로파(파장 3 cm)를 사용하여 실험적으로 확인되었다.

1981년 STM이 발명된 이래 원자간 힘 현미경 등의 SPM 개발이 근속하게 진행되었다. SNOM의 연구도 1980년대 전반부터 조금씩 진행되기 시작했다. 특히 광 파이버의 이용으로 SNOM에 대폭적인 개량이 가해져 1992년에 파장 40분지/1의 공간 분해능을 달성했다. 현재는 에칭에 의한 광 파이버의 첨담 첨예화로 공간 분해능 20 nm 이하를 얻고 있다.

SNOM은 SPM의 일종이지만 SPM은 탐침을 사용하여 시료 표면을 주사함으로써 형상을 얻고 있다. 보통 광학 현미경에서 그 분해능은 빛의 파장에 제약을 받는다(회절 한계). 이 때문에 가시광에서의 분해능은 수 100 nm 정도이다. 그러나 경계면에서 파장보다 짧은 거리(근접장 또는 니어필드라고 한다)에는 파장 이하의 빛이 존재하는 사실이 밝혀졌다. 이것은 에바넷센트파라 하며, 빛이 물질에 조사되어 전반사할 때 물질 표면에 빛이 배어나와서 생기는 근접장 빛을 이른다.

근접장 빛의 강도는 물질 표면에서 떨어질수록 급격하게 감소하고, 감소 정도는 빛의 파장에 의존하지 않는다. 읽어냄은 근접장 빛이 매체에 반사되어 회절광으로 자유공간에 방사되는 반사파를 대물 렌즈와 광전자 증배관을 사용하여 읽는다. 이와 같은 근접장 빛의 성질을 교묘하게 이용하여 STM이나 AFM과 마찬가지로 시료 표면을 주사함으로써 빛의 파장 이상의 분해능을 실현하는 것이 SNOM이다.

SNOM에서는 나노미터 스케일로 시료 표면의 광학적 정보를 얻을 수 있기 때문에 초고밀도 광기록과 광미세가공에 대한 응용연구가 진행되고 있다. 사진은 SNOM을 이용한 상변화 광기록의 관찰예이다.

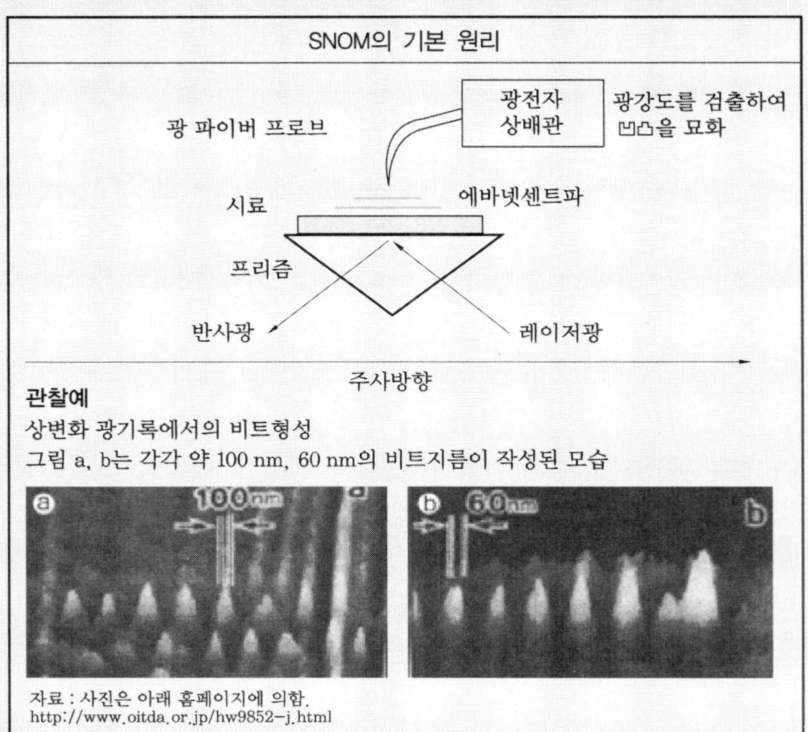

5·4 나노 스펙트로스코피

나노미터 스케일의 공간 분해능으로 분광할 수 있는 기술은 현재로서 확립된 것이 전혀 없다고 하여도 과언이 아니다. 5.2 절에서 기술한 TEM에 원소식별 에너지 필터를 조합하는 (현 단계에서는 실현 가능성이 높은) 방법도 모든 원소에 대하여 적용이 가능한 것은 아니다. 5·3절에서 다룬 AFM 등의 프로브 현미경 기법도 원소는 식별하지 못한다.

주사형 터널 현미경 (STM)의 비탄성 터널 현상을 이용한 단일 분자 레벨의 진동 분광[42]이 극찬을 받고 있는 분야도 있지만 고분자 물질에 대하여 적용 가능하다고는 생각되지 않는다. 일반적으로 고분자 분야에서 분광이라고 하면 광학적인 방법을 생각하는 것이 상식일 것이다. 형광, 적외 흡수, 라만 산란 등이 있다.

위의 방법들은 빛과 물질의 다양한 상호작용을 물질에 고유한 스펙트럼으로 검출할 수 있기 때문에 물질을 분별하는 방법으로 이용할 수 있을 뿐만 아니라, 그 물질이 어떠한 상태에 있는가를 동정 (同定)하는 것도 가능하다.

이와 같은 정보를 공간 매핑하기 위해서는 현미법과 조합할 필요가 있다. 보통은 먼 시야의 광학 현미경과 조합하게 되는데 빛에는 회절 한계라고 하는 원리적인 제한이 있다. 지금 칸막이 저쪽에서 어떤 악기가 연주되고 있는 상태를 머릿속에 그려 보자. 칸막이가 있으므로 연주되는 악기를 직접 눈으로 볼 수는 없다. 하지만 인간은 귀로 그것을 듣고 분별할 수 있다. 본다고 하는 행위는 물리적으로 물체에 반사한 광파가 눈이라는 수용기관 (受容器官)에 도달하는 것을 의미하고, 듣는다는 행위는 그 관계가 음파와 귀로 변했을 뿐이다.

같은 파동인 빛은 도달하지 않는데 어찌하여 소리는 도달하는 것일까? 그것은 그 파동의 파장이 전혀 다른 데서 기인하기 때문이다. 빛

의 파장은 가시광 레벨로 수백 나노미터이고 소리의 파장은 가청역에
서 수 cm에서 수십 m이다. 빛의 파장은 칸막이의 사이즈에 비하면
충분히 작아, 즉 광선 근사가 성립한다. 따라서 눈과 악기 사이에 칸
막이가 있으면 직선적으로만 진행하는 빛은 도달하지 못한다. 한편,
소리의 파장은 칸막이의 사이즈와 같은 정도이기 때문에 칸막이의 가
장자리에 도달한 음파는 꺾이기도 하고 돌아들어 올 수도 있다. 이것
을 파동의 회절현상이라 한다.

물론 빛도 파동의 하나이므로 그 파장 λ와 같은 정도의 구조물이
있으면 회절이 발생한다. 예를 들면 판 위에 파장 사이즈인 a의 원형
개구가 있고, 그 곳을 빛이 통과할 때 빛은 광선처럼 직진하지 않고
회절하여 확산된다. 이때의 확산각 (발산각)은 λ/a가 되는 것으로 밝
혀졌다. 마찬가지로 볼록 렌즈로 빛을 집광한 경우에도 초점은 수학
적인 점이 되지 않고 어느 정도 흐릿해진다. 초점에서 볼록 렌즈를
바라본 각도를 α, 볼록 렌즈와 물체 사이에 있는 매질의 굴절률을 n
으로 하면 개구수 NA라는 값을 $n \sin \alpha$로 정의하면 흐릿해지는 정
도는,

$$R = k\frac{\lambda}{\mathrm{NA}} = k\frac{\lambda}{n \sin \alpha} \qquad (5.16)$$

로 된다 (k는 광학계에 의해서 결정되는 상수로, 보통 광학계의 경우
0.61). 보통 볼록 렌즈의 경우 NA는 1 이하이므로 결국 초점은 파장
정도로 흐릿하게 된다.

이 흐릿함이 렌즈계를 사용하는 보통 광학 현미경의 공간 분해능의
상한이 되는 것은 쉽게 상상할 수 있다. 예를 들면 가시광 영역 중에
서도 단파장측의 청색 레이저광 488 nm를 사용하고, 공초점계라는
특수한 광학계 (k의 값이 더욱 작은)를 사용하는 주사형 레이저 현미
경으로는 약 200 nm의 공간 분해능을 실현할 수 있다. 최근에는 자
색 레이저 (파장 408 nm)를 사용하여 분해능을 더욱 향상시킨 제품도

출현하였다. 하지만 어느 경우에는 현재로서는 공간 분해능이 100 nm을 넘지 못하므로 고분자 나노재료 평가 기법으로서는 약 한 자릿수 부족하다.

적외 흡수법은 분자의 고유 진동 에너지에 상당하는 적외선 (7000 cm^{-1}~400 cm^{-1})의 흡수 스펙트럼을 얻는 방법이다. 파장으로 변환하면 1.4~25 μm이며 분해능은 더욱 낮다 (보통 30 μm 정도의 개구가 사용된다). 최근에는 고감도·고속의 검출기가 출현하여 1회 반사의 전반사 측정법 등이 가능하다는 것 등 여러 측면에서 진전이 있는 모양이지만 분해능 향상에는 원리적으로 어려움이 있다.

이처럼 이제까지 원시야 광학계를 사용하는 현미법은 파장 사이즈에 한정되는 공간 분해능이라는 문제점이 있어 고분자 나노재료의 분광에는 쓸 수 없다. 이 현실을 타파하여 나노미터 스케일의 분해능 실현을 기대할 수 있는 기법으로 근접장 광학 현미경 (SNOM)이 있다. SNOM에 관해서는 상세한 전문도서[43]가 있으므로 여기서는 상세한 설명은 생략하기로 한다.

SNOM의 공간 분해능은 회절 한계에 규정을 받지 않는다. 본래 빛은 전자기파이므로 아무리 작은 물체일지라도 무엇인가 전자기적 상호작용이 존재한다. 그 효과를 멀리 떨어진 검출기로 측정할 수 있는 것은 거기에 '산란광'이 존재하기 때문이다. 하지만 전자기 상호작용의 결과도 사실은 물질의 주위에는 구름처럼 국제하는 빛의 장도 존재한다. 마치 원자 속 원자핵 주위의 전자구름과 같은 것이다. 이것이 근접장 광이다. 흥미로운 점은 이 근접장 광의 확산은 물질의 사이즈와 같은 정도라는 사실이 밝혀졌다. 그래서 만약 이 근접장 광의 정보를 어떤 방법으로든 끌어낸다면 예컨대 나노미터 스케일 물체의 전자기 상호작용을 나노미터 스케일로 검출할 수 있을 것이다. 이것을 실현한 것이 SNOM이다.

근접장 광 검출의 원리는 의외로 간단하다. 근접장 안에 제2의 산란체를 지입하면 된다. 이때 원래부터 존재하는 물체 주위의 근접장은 교란을 받아 근접장 일부는 산란광으로 변환된다. 그것을 보통 방법으로 검출하면 되는 것이다. 산란체로는 예컨대 AFM 탐침과 같은 끝이 날카로운 것을 사용하면 된다. 이 방법은 산란형 SNOM 혹은 애퍼처 (aperture) 레스 SNOM이라고 한다.

한편, 미소 개구 (sheading) 주위에 그것과 같은 정도 사이즈의 전파되지 않는 근접장 광이 존재하므로 그것을 미소 광원으로 사용하는 방법도 있다. 이 경우는 시료 표면과의 전자기 상호작용이 산란광을 발생하고, 공간 분해능은 그 개구 사이즈에 따라 규정된다. 이것들은 개구형 SNOM, 애퍼처 SNOM이라 하며, 전자와는 다른 방법으로 인식되어야 한다.

미소 개구를 작성하는 방법으로 가장 많이 사용되는 것이 광파이버 선단을 화학 에칭이나 기계적 방법으로 첨예화하고 또한 수십 nm 사이즈의 개구 부분만을 남겨 금속막을 코팅하는 것이다.[44) 개구형 SNOM에서는 이 미세 개구에 근접장 광을 출사하는 일루미네이션 (illumination) 모드 외에 이 개구에서 빛을 집광하는 컬렉션 모드, 이것들을 동시에 실현하는 모드도 있다.[45)

원리는 간단하지만 SNOM 시스템 개발에는 매우 복잡한 복수의 안건을 해결할 필요가 있다. 설명을 개구형 SNOM에 국한한다 할지라도, 파장에 따른 광 파이버의 원시야 광학계와 조합한다면 그것을 포함한 최적화가 필요하다.

대개는 레이저 광을 이용하지만 측정하는 대상에 따라 그것은 변한다. 검출기도 측정파장에 맞추어 감도, 시간 분해능을 소망하는 것에 맞추어야 한다. 분광을 하고자 한다면 분광기 선정도 문제가 된다. AFM 등은 시판하는 것을 그대로 사용할 수 있지만 SNOM은 이와 같이 측정 대상이 변하면 주변 기기 역시 전혀 다르게 된다. 광학기기에 대한 어느 정도의 지식과 숙련을 필요로 한다.

전혀 다른 또 하나의 문제는 탐침과 시료 표면의 위치 제어를 어떠한 방식으로 하느냐는 것이다. 가장 많이 사용되는 것이 광 파이버 탐침을 시료 표면에 대하여 가로 방향으로 진동시켜 표면과의 시아 포스에 의한 진동감쇄 정도로 높이 제어를 하는 방식이다. AFM 모드를 적용할 수 있도록 끝을 구부린 광 파이버를 사용하는 것도 있다. 최근에는 미세 가공기술로 AFM 탐침 선단에 개구를 작성하는 것도 시도되고 있다. 개구 선단에 투명 전극을 코팅하여 STM 동작을 시킴으로써 고분해능 관찰을 노린 예도 있다.[46]

사례를 한 가지만 시뮬레이트하여 보자. 고분자계에서는 별로 범용성이 없지만 SNOM이 가장 성공을 거둔 형광 관찰의 어림 계산이다. 시스템 구성으로는 SNOM이 도립형 (倒立形) 현미경 상부에 설치되어 있는 것으로 한다. 광 파이버 탐침에 의한 일루미네이션 모드에서, 고분자 속에 분산된 형광 색소의 형광을 도립형 광학 현미경의 대물 렌즈 경유로 아발란체 포토다이오드 (avalanche potodiode)로 검출한다고 하자. 먼저 488 nm, 1 mW의 레이저 광을 광 파이버 끝면에 입사한다. 여기서 커플링 효율이 0.5, 파이버 코어의 지름이 10 μm, 개구 사이즈가 100 nm로 가장 단순한 근사로 그것들의 면적비로 입사광에서 근접장 광으로 에너지 변환효율 (흔히 throughput라고 한다)이 결정된다고 하여 10^{-4}로 하면 근접장 광 강도 I_{ex}는 0.05 μW, 포톤 수로 하면 $I_{ex} = 1.2 \times 10^{11}$ cps가 된다.

지금 몰 흡광계수가 $\varepsilon = 5.0 \times 10^4$ L/mol · cm, 양자 (quantum) 수율 n = 0.6인 분자 (예를 들면 녹색 형광 단백질)를 생각한다. 이것은 잘 빛나는 분자이다. 몰 흡광계수로부터 1분자당의 흡수 단면적을 계산하면 $S = 3.6 \times 10^{-17}$ cm^2, 광 파이버 탐침의 개구 면적은 $S_0 = 7.9 \times 10^{11}$ cm^2, 개구 수 0.45의 대물 렌즈에 의한 효율이 0.02, 형광 파장 부근에서의 아발란체 포토다이오드의 양자 수율이 0.5, 기타 검출계의 효율이 0.1이라 하면 결국 검출계 전체의 효율이 $N_{inst} = 0.001$이 된다. 1분자당의 검출 형광강도 I_{em}은,

$$I_{em} = I_{ex} \times \frac{S}{S_0} \times \eta \times \eta_{inst} \tag{5.17}$$

로 주어지므로 각각의 수치를 대입하여 I_{em} = 33 cps를 얻는다. 이 값은 포톤 카운팅 레벨의 검출기로는 물론 가능한 수치이지만, 장치가 설치된 환경에서의 미광(迷光) 정도에 따라서는 노이즈에 충분히 매몰될 만한 값이기도 하다.

위의 견적 계산 중에서 특히 인위적으로 변경 가능한 값은 스루풋이고, 이미 0.1을 넘는 높은 스루풋의 탐침도 있는 모양이다. 그러나 여기서의 계산은 가장 잘 빛나는 부류의 분자에 대한 견적이고, 보통 분자의 경우는 산란 단면적이 한 자릿 수 혹은 두 자릿 수 작기 때문에 결국 포톤 카운팅 레벨이 되고 만다.

물론 단일 분자 검출은 아니고 개구 안에 다수의 형광 분자가 존재하는 시료라면 광 강도는 향상된다. 그러나 고분자 나노재료의 분광이라는 의미에서는 특별히 라벨링이라도 하지 않는 한 형광이 사용되는 사례는 별로 없을 것이다. 가능하다면 적외 흡수나 라만 산란을 사용하는 것이 바람직하다. 하지만 각각의 산란 단면적은 10^{-20} cm^2, 10^{-30} cm^2 오더이고, 단일 분자 레벨은 고사하고 나노미터 스케일로도 강도를 얻는 것은 뜻대로 되지 않는다.

하지만 금속 코팅한 AFM 탐침을 산란체로 사용함으로써 몇 자릿 수에 이르는 전기장 증강 효과도 실현하여 100 nm를 끊는 영역에서 라만 신호를 검출한 예도 있으므로[47] 이제부터의 전개가 기대된다.

또 들뜬 파장을 탐침 밖 영역으로 확장하여 공역계 분자로도 형광 관찰을 가능하게 한 예도 있다.[48] 고분자 재료에 SNOM을 특화시켜 나가는 시도는 이제 시작 단계에 불과하다.

분광은 아니지만 SNOM의 한 가지 응용에 편광 현미경으로 이용하는 것도 있다. 구정[49]이나 액정 구조 등의 고분해능 관찰에는 이용 가치가 있는 모양이다. 또 복굴절을 측정할 수 있는 SNOM도 개발되었다.[50] 이 장치로는 레타데이션값 (retardetion) 등의 정량측정도 가능하며, 만약 고분자계에 여러 가지로 적용할 수 있게 된다면 매우 흥미로운 결과를 초래할 것으로 믿는다 (니시 도시오·나까시마 겐/도쿄공업대학 대학원 교수).

·참 고 문 헌·

1) 西 敏夫：化学技術戦略推進機構 (JCII) News, 63 (2), 8 (2002).
2) 志賀昭信：高分子材料基盤技術ワークショップ， 通産省・NEDO, p.42 (2000년 9월).
3) 西 敏夫：機能材料, 22 (10), 7 (2002).
4) 西川幸宏, 陣内浩司, 古河弘光, 成瀬幹夫：機能材料, 22 (10), 11 (2002).
5) 陣内浩司, 澄川清志：機能材料, 22 (10), 26 (2002).
6) A. J. Koster, H. Chen, J. W. Sedat, D. A. Agard：*Ultramicroscopy*, 46, 207 (1992).
7) N. Tanaka, Y. Murooka, M. Koguchi, H. Kakibayashi, R. Tsuneta, K. Kase, M. Iwaki：*Electron Microscopy and Analysis 2001*, 159 (2001).
8) 陣内浩司：『ゴム・エラストマーの界面と機能』, 第4章, シーエムシー (2003).
9) H. Jinnai, Y. Nishikawa, R. J. Spontak, S. D. Smith, D. A. Agard, T. Hashimoto：*Phys. Rev. Lett.*, 84, 518 (2000).
10) H. Jinnai. T. Kajihara, H. Watashiba, Y. Nishikawa, R. J. Spontak：*Phys. Rev. E*, 64, 010803 (R) (2001)；ibid., 64, 069993 (E) (2001).
11) H. Hasegawa, H. Tanaka, K. Yamasaki, T. Hashimoto：*Macromolecules*, 20, 1651 (1987).
12) 西川幸宏, 陣内浩司, 長谷川博一：高分子論文集, 58, 13 (2001).
13) K. Suda, H. Jinnai, Y. Nishikawa, T. Kaneko, K. Sakurauchu, K. Niihara, K. Nakanishi, K. Kanamori, T. Nishi：*Polym. Prepr. Jpn.*, 53, 874 (2004).
14) Y. Shinbori, H. Jinnai, Y. Nishikawa, T. Kaneko, K. Niihara, T. Nishi：*Polym. Prepr. Jpn.*, 53, 873 (2004).

15) H. Jinnai, Y. Nishikawa, K. Niihara, T. Kaneko, H. Furukawa, M. Shimizu, M. Naruse, T. Nishi : Int. Symp. Nanostructured Polymeric Materials, Prepr., 61 (2004).

16) D. Klinov, S. Magonov : *Appl. Phys. Lett.*, 84, 2697 (2004).

17) T. Ando, N. Kodera, E. Takai, D. Maruyama, K. Saito, A. Toda : *Jpn. J. Appl. Phys.*, 41, 4851 (2002).

18) K. Nakajima, H. Yamaguchi, J. C. Lee, M. Kageshima, T. Ikehara, T. Nish : *Jpn. J. Appl. Phys.*, 36, 3850 (1997).

19) Y. Terada, M. Harada, T. Ikehara, T. Nishi : *J. Appl. Phys.*, 87, 2803 (2000).

20) L. Landau, E. Lifchitz : *Theory of Elasticity*, Mir, Moscow (1967).

21) K. Kaneko, K. Nakajima, M. Komura, H. Morita, T. Nishi : *Polym. Prepr. Jpn.*, 53, 1232 (2004).

22) J. L. Hutter, J. Bechhoefer : *Rev. Sci. Instrum.*, 64, 1868 (1993).

23) T. Wang, A. Ikai : *Jpn. J. Appl. Phys.*, 38, 3912 (1999).

24) J. P. Cleveland, S. Manne, D. Bocek, P. K. Hansma : *Rev. Sci. Instrum.*, 64, 403 (1993).

25) K. L. Johnson, K. Kendall, A. D. Roberts : Proc. R. Soc. Lond., A324, 301 (1971).

26) J. A. Greenwood, K. L. Johnson : Philos. Mag., 43, 697 (1981).

27) M. Lemieux, D. Usov, S. Minko, M. Stamm, H. Shulha, V. V. Tsukruk : *Macromolecules*, 36, 7244 (2003).

28) 小村元憲, 池原飛之, 西 敏夫 : 機能材料, 22 (10), 41 (2002).

29) 小村元憲, 西 敏夫 :『ゴム・エラストマーの界面と機能』, 第5章, シーエムシー (2003).

30) 小村元憲, 中嶋 健, 西 敏夫 : 高分子加工, 53 (9), 386 (2004).

31) K. A. Grosch : Proc. R. Soc. Lond., A274, 21 (1963).

32) 村上謙吉 :『レオロジー基礎論』, 産業図書 (1991).

33) H. Morita, T. Ikehara, T. Nishi, M. Doi : *Poym. J.*, 36, 265 (2004).

34) P. J. Flory : *Statistical Mechanics of Chain Molecules*, John Willy and Sons, NY (1969).

35) Y. Sakai, T. Ikehara, T. Nishi, K. Nakajima, M. Hara : *Appl. Phys. Lett.*, 81, 724 (2002).

36) P. G. de Gennes : *Scaling Concepts in Polymer Physics*, Cornell University Press, NY (1979).

37) Y. Sakai, K. Nakajima, M. Hara, K. Ito, T. Nishi : *Polym Prepr. Jpn.*, 53, 1243 (2004).

38) H.-J. Butt, P. Siedle, K. Seifert, K. Fendler, T. Seeger, E. Bamberg. A. L. Weisenhorn, K. Goldie, A. Engel : *J. Microscopy*, 169, 75 (1992).

39) R. García, R. Pérez : *Surf. Sci. Rep.*, 47, 197 (2002).

40) H. Bielefeldt, F. J. Giessibl : *Surf. Sci.*, 440, L863 (1999).

41) J. Tamayo, R. García : *Appl. Phys. Lett.*, 71, 2394 (1997).

42) B. C. Stipe, M. A. Rezaei, W. Ho : *Science*, 280, 1732 (1998).

43) たとえば, 大津元一, 河田　聡編：『近接場ナノフォトニクス入門』, オプトロニクス (2000).

44) S. Mononobe, M. Naya, T. Saiki, M. Ohtsu : *Appl. Opt.*, 36, 1496 (1997).

45) T. Saiki, K. Matsuda : *Appl. Phys. Lett.*, 74, 2773 (1999).

46) K. Nakajima, V. Jacobsen, Y. Yamasaki, J. Noh, D. Fujita, M. Hara : *Jpn. J. Appl. Phys.*, 41, 4956 (2002).

47) N. Hayazawa, Y. Inouye, Z. Sekkat, S. Kawata : *Chem. Phys. Lett.*, 335, 369 (2001).

48) H. Aoki, T. Hamamatsu, S. Ito : *Appl. Phys. Lett.*, 84, 356 (2004).

49) S. Sasaki, Y. Sakaki, A. Takahara, T. Kajiyama : *Polymer*, 43, 3441 (2002).

50) S. Ohkubo, N. Umeda : *Sensor and Materials*, 13, 433 (2001).

찾 | 아 | 보 | 기

고분자 나노 재료

2014년 1월 25일 인쇄
2014년 1월 30일 발행

저 자 : 니시도시오 외
엮은이 : 과학나눔연구회 정해상
펴낸이 : 이정일

펴낸곳 : 도서출판 일진사
www.iljinsa.com
140-896 서울시 용산구 효창원로 64길 6
전화 : 704-1616/팩스 : 715-3536
등록 : 제1979-000009호 (1979.4.2)

값 12,000 원

ISBN : 978-89-429-1306-0